José Plínio de Oliveira Santos
Diego Marques

PROBLEMAS EM TEORIA DOS NÚMEROS
(RESOLVIDOS E PROPOSTOS)

José Plínio de Oliveira Santos
Diego Marques

PROBLEMAS EM TEORIA DOS NÚMEROS

(RESOLVIDOS E PROPOSTOS)

EDITORA CIÊNCIA MODERNA

Editor: Paulo André P. Marques
Produção Editorial: Dilene Sandes Pessanha
Capa: Daniel Jara
Copidesque: Equipe Ciência Moderna

FICHA CATALOGRAFICA

SANTOS, José Plínio de Oliveira; FERREIRA, Diego Marques.

Problemas em Teoria dos Números (Resolvidos e Propostos)

Rio de Janeiro: Editora Ciência Moderna Ltda., 2017.

1. Matemática 2. Álgebra
I — Título

ISBN: 978-85-399-0894-3 CDD 510
512

Editora Ciência Moderna Ltda.
R. Alice Figueiredo, 46 – Riachuelo
Rio de Janeiro, RJ – Brasil CEP: 20.950-150
Tel: (21) 2201-6662/ Fax: (21) 2201-6896
E-MAIL: LCM@LCM.COM.BR
WWW.LCM.COM.BR

04/17

Prefácio

O primeiro autor, do presente livro, publicou, na coleção *Matemática Universitária do IMPA*, o livro **Introdução à Teoria dos Números** onde, além de vários problemas resolvidos são propostos muitos outros.

Nossa proposta inicial, para o presente livro, era apenas a de fornecer as soluções para todos aqueles problemas propostos no livro acima mencionado. Dado o grande interesse que estes tópicos despertam nos estudantes e a procura por soluções, decidimos pela inclusão de vários outros problemas resolvidos e uma pequena coleção de exercícios propostos.

Desta forma o livro ficou dividido em três capítulos, cada um, por sua vez, dividido em nove seções correspondentes a cada um dos nove capítulos em que o livro original está dividido.

No primeiro capítulo estão as soluções para todos os problemas do referido livro. No segundo estão problemas correspondentes aos conteúdos dos nove capítulos com as correspondentes soluções e no terceiro, colocamos nove pequenas listas de exercícios propostos mas sem soluções.

No total são 312 problemas resolvidos e 137 problemas propostos.

Esperamos, desta forma, que o presente texto possa contribuir, um pouco mais, nesta área tão importante da matemática ao trazer este material em língua portuguesa.

Sumário

Capítulo 1

Problemas resolvidos

1.1 Divisibilidade

Problemas resolvidos do Capítulo 1

1. Encontrar, usando o algoritmo de Euclides, o máximo divisor comum dos seguintes pares de números:

   (a) 542 e 234
   (b) 9652 e 252
   (c) 24573 e 1387
   (d) 4276 e 1234
   (e) 48762 e 176
   (f) 42516 e 97421
   (g) 8374 e 24517
   (h) 35262 e 12753

Solução:

(a) Temos,

$$\begin{cases} 542 = 2 \cdot 234 + 74 \\ 234 = 3 \cdot 74 + 12 \\ 74 = 6 \cdot 12 + 2 \\ 12 = 6 \cdot 2 \end{cases}$$

logo $(542, 234) = 2$.

(b) Temos,

$$\begin{cases} 9652 = 38 \cdot 252 + 76 \\ 252 = 3 \cdot 76 + 24 \\ 76 = 3 \cdot 24 + 4 \\ 24 = 6 \cdot 4 \end{cases}$$

logo $(9652, 252) = 4$.

(c) Temos,

$$\begin{cases} 24573 = 17 \cdot 1387 + 994 \\ 1387 = 1 \cdot 994 + 393 \\ 994 = 2 \cdot 393 + 208 \\ 393 = 1 \cdot 208 + 185 \\ 208 = 1 \cdot 185 + 23 \\ 185 = 8 \cdot 23 + 1 \\ 23 = 1 \cdot 23 \end{cases}$$

logo $(24573, 1387) = 1$.

(d) Temos,

$$\begin{cases} 4276 = 3 \cdot 1234 + 574 \\ 1234 = 2 \cdot 574 + 86 \\ 574 = 6 \cdot 86 + 58 \\ 86 = 1 \cdot 58 + 28 \\ 58 = 2 \cdot 28 + 2 \\ 28 = 14 \cdot 2 \end{cases}$$

logo $(4276, 1234) = 2$.

(e) Temos,

$$\begin{cases} 48762 = 277 \cdot 176 + 10 \\ 176 = 17 \cdot 10 + 6 \\ 10 = 1 \cdot 6 + 4 \\ 6 = 1 \cdot 4 + 2 \\ 4 = 2 \cdot 2 \end{cases}$$

logo $(48762, 176) = 2$.

(f) Temos,

$$\begin{cases} 97421 = 2 \cdot 42516 + 12389 \\ 42516 = 3 \cdot 12389 + 5349 \\ 12389 = 2 \cdot 5349 + 1691 \\ 5349 = 3 \cdot 1691 + 276 \\ 1691 = 6 \cdot 276 + 35 \\ 276 = 7 \cdot 35 + 31 \\ 35 = 1 \cdot 31 + 4 \\ 31 = 7 \cdot 4 + 3 \\ 4 = 1 \cdot 3 + 1 \\ 3 = 3 \cdot 1 \end{cases}$$

logo $(42516, 97421) = 1$.

(g) Temos,

$$\begin{cases} 24517 = 2 \cdot 8374 + 7769 \\ 8374 = 1 \cdot 7769 + 605 \\ 7769 = 12 \cdot 605 + 509 \\ 605 = 1 \cdot 509 + 96 \\ 509 = 5 \cdot 96 + 29 \\ 96 = 3 \cdot 29 + 9 \\ 29 = 3 \cdot 9 + 2 \\ 9 = 4 \cdot 2 + 1 \\ 4 = 2 \cdot 2 \end{cases}$$

logo $(8374, 24517) = 1$.

(h) Temos,

$$\begin{cases} 35262 = 2 \cdot 12753 + 9756 \\ 12753 = 1 \cdot 9756 + 2997 \\ 9756 = 3 \cdot 2997 + 765 \\ 2997 = 3 \cdot 765 + 702 \\ 765 = 1 \cdot 702 + 63 \\ 702 = 11 \cdot 63 + 9 \\ 63 = 7 \cdot 9 \end{cases}$$

logo $(35262, 12753) = 9$.

□

2. Achar o mínimo múltiplo comum dos seguintes pares de números:

(a) 44 e 32
(b) 234 e 12
(c) 35 e 24
(d) 142 e 742
(e) 17 e 141
(f) 42 e 52
(g) 501 e 2141
(h) 144 e 64

Para resolver os itens, do Problema 2, usaremos que se

$$a = \prod_{i=1}^{t} {p_i}^{\alpha_i} \quad \text{e} \quad b = \prod_{j=1}^{t} {p_j}^{\beta_j}$$

com $\alpha_i, \beta_j \geq 0$ então $[a, b] = \prod_{k=1}^{t} {p_k}^{\gamma_k}$ onde $\gamma_k = \max\{\alpha_k, \beta_k\}$.

Solução:

(a) Temos que $44 = 2^2 \cdot 11$ e $32 = 2^5$. Assim, $[44, 32] = 2^5 \cdot 11 = 352$.

(b) Temos que $234 = 2 \cdot 3^2 \cdot 13$ e $12 = 2^2 \cdot 3$. Assim, $[234, 12] = 2^2 \cdot 3^2 \cdot 13 = 468$.

(c) Temos que $35 = 5 \cdot 7$ e $24 = 2^3 \cdot 3$. Assim, $[35, 24] = 2^3 \cdot 3 \cdot 5 \cdot 7 = 840$.

(d) Temos que $142 = 2 \cdot 71$ e $742 = 2 \cdot 7 \cdot 53$. Assim, $[142, 742] = 2 \cdot 7 \cdot 53 \cdot 71 = 52682$.

(e) Temos que 17 é primo e $141 = 3 \cdot 47$. Assim, $[17, 141] = 3 \cdot 17 \cdot 47 = 2397$.

(f) Temos que $42 = 2 \cdot 3 \cdot 7$ e $52 = 2^2 \cdot 13$. Assim, $[42, 52] = 2^2 \cdot 3 \cdot 7 \cdot 13 = 1092$.

(g) Temos que $501 = 3 \cdot 167$ e 2141 é primo. Assim, $[501, 2141] = 3 \cdot 167 \cdot 2141 = 1072641$.

(h) Temos que $144 = 2^4 \cdot 3^2$ e $64 = 2^6$. Assim, $[144, 64] = 2^6 \cdot 3^2 = 576$.

□

3. Encontrar uma sequência de pelo menos 30 inteiros consecutivos e compostos.

Solução: Na demonstração do Teorema 1.13, vimos que para todo inteiro positivo k, os números

$$(k+1)! + 2,\ (k+1)! + 3,\ (k+1)! + 4,\ \ldots (k+1)! + (k+1)$$

são compostos. Para esse problema tome $k = 30$. Ou seja, a sequência

$$(31)! + 2,\ (31)! + 3,\ (31)! + 4,\ \ldots (31)! + (31)$$

conterá somente números compostos. Como curiosidade o número 31! é dado por 8222838654177922817725562880000000. □

4. Mostrar por indução, que

(a) $1^2 + 2^2 + 3^2 + \cdots + n^2 = \frac{n(n+1)(2n+1)}{6}$

(b) $1 + 3 + 5 + \cdots + (2n-1) = n^2$

(c) $1 \cdot 2 + 2 \cdot 3 + 3 \cdot 4 + \cdots + n(n+1) = \frac{n(n+1)(n+2)}{3}$

(d) $n! > 2^n,\ \forall n \geq 4$

(e) $n^2 > 2n + 1,\ \forall n \geq 3$

(f) $9 \mid (10^{n+1} - 9n - 10),\ \forall n \geq 1$

Para facilitar as demonstrações, denotamos:

$$\begin{cases} \text{BI : Base de Indução} \\ \text{HI : Hipótese de Indução} \\ \text{TI : Tese de Indução.} \end{cases}$$

Solução:

(a) Temos que,

$$\begin{cases} BI: 1^2 = \frac{1\cdot(1+1)\cdot(2\cdot 1+1)}{6} \\ HI: 1^2+\cdots+k^2 = \frac{k(k+1)(2k+1)}{6} \\ TI: 1^2+\cdots+(k+1)^2 = \frac{(k+1)(k+2)(2k+3)}{6}. \end{cases}$$

Como

$$1^2+\cdots+(k+1)^2 = 1^2+\cdots+k^2+(k+1)^2,$$

temos pela HI que

$$1^2+\cdots+(k+1)^2 = \frac{k(k+1)(2k+1)}{6}+(k+1)^2.$$

Portanto,

$$\begin{aligned} 1^2+\cdots+(k+1)^2 &= \frac{k(k+1)(2k+1)}{6}+(k+1)^2 = \\ &= \frac{(k+1)(2k^2+7k+6)}{6}. \end{aligned}$$

Mas $2k^2+7k+6 = (k+2)(2k+3)$ e isso conclui a prova.

(b) Temos que,

$$\begin{cases} BI: 2\cdot 1-1 = 1^2 \\ HI: 1+\cdots+(2k-1) = k^2 \\ TI: 1+\cdots+(2k+1) = (k+1)^2. \end{cases}$$

Como

$$1+\cdots+(2k+1) = 1+\cdots+(2k-1)+(2k+1),$$

temos pela HI que

$$1+\cdots+(2k+1) = k^2+(2k+1).$$

Portanto,

$$1+\cdots+(2k+1) = (k+1)^2.$$

(c) Temos que,

$$\begin{cases} BI: 1\cdot 2 = \frac{1\cdot(1+1)\cdot(1+2)}{3} = 2 \\ HI: 1\cdot 2+\cdots+k(k+1) = \frac{k(k+1)(k+2)}{3} \\ TI: 1\cdot 2+\cdots+(k+1)(k+2) = \frac{(k+1)(k+2)(k+3)}{3}. \end{cases}$$

Como

$$1\cdot 2+\cdots+(k+1)(k+2) = 1\cdot 2+\cdots+k(k+1)+(k+1)(k+2),$$

temos pela HI que

$$1\cdot 2+\cdots+(k+1)(k+2) = \frac{k(k+1)(k+2)}{3}+(k+1)(k+2).$$

Assim,

$$\frac{k(k+1)(k+2)}{3}+(k+1)(k+2) = \frac{k(k+1)(k+2)+3(k+1)(k+2)}{3}$$

e daí segue que

$$\frac{k(k+1)(k+2)+3(k+1)(k+2)}{3} = \frac{(k+1)(k+2)(k+3)}{3}.$$

(d) Temos que,

$$\begin{cases} BI: 4! = 24 > 16 = 2^4 \\ HI: k! > 2^k \\ TI: (k+1)! > 2^{k+1}. \end{cases}$$

Como

$$(k+1)! = (k+1)k!,$$

temos pela HI que

$$(k+1)k! > (k+1)2^k.$$

Mas $k+1 > 2$, logo multiplicando essa última desigualdade por 2^k temos

$$(k+1)2^k > 2^{k+1}.$$

Assim,

$$(k+1)! > (k+1)2^k > 2^{k+1}.$$

(e) Temos que,

$$\begin{cases} BI: 3^2 = 9 > 7 = 2\cdot 3+1 \\ HI: k^2 > 2k+1 \\ TI: (k+1)^2 > 2(k+1)+1. \end{cases}$$

Como

$$(k+1)^2 = k^2 + 2k + 1$$

e pela HI

$$k^2 > 2k+1,$$

temos que,

$$(k+1)^2 > 2k+1+2k+1.$$

Mas como $2k+1 \geq 3$, temos

$$(k+1)^2 > 2k+1+3 > 2k+3 = 2(k+1)+1.$$

OBS: Uma solução mais direta seria: como $n \geq 3 > \sqrt{2}+1$, então $n-1 > \sqrt{2}$. Logo $(n-1)^2 > 2$ e assim $n^2 - 2n + 1 > 2$. Daí segue $n^2 > 2n+1$.

(f) Perceba que $9 \mid (10^{n+1} - 9n - 10)$ se, e somente se, $9 \mid (10^{n+1} - 1)$. De fato, como

$$10^{n+1} - 9n - 10 = 10^{n+1} - 1 - 9(n+1),$$

segue que $9 \mid (10^{n+1} - 9n - 10) \iff 9 \mid (10^{n+1} - 1)$. Assim, temos que

$$\begin{cases} BI: 9 \mid (10^{1+1} - 1) = 99 \\ HI: 9 \mid (10^{k+1} - 1) \\ TI: 9 \mid (10^{k+2} - 1). \end{cases}$$

Como $10^{k+2} - 1 = 10^{k+2} - 10^{k+1} + 10^{k+1} - 1 = 9 \cdot 10^{k+1} + 10^{k+1} - 1$, temos pela HI que $9 \mid (10^{k+1} - 1)$. Logo segue que $9 \mid (10^{k+2} - 1)$.

OBS: Uma solução direta é notar que $10^{n+1} - 1 = \overbrace{9\ldots 9}^{n+1}$ que é múltiplo de 9 (soma dos algarismos é múltiplo de 9).

□

5. Provar que o produto de 3 inteiros consecutivos é divisível por 6.

Solução: Queremos mostrar que $6 \mid n(n+1)(n+2)$, para todo $n \in \mathbb{Z}$. Para tanto, usaremos indução sobre n. Quando $n \in \{0, -1, -2\}$ o resultado é obviamente verdadeiro, e além disso, quando $n < -3$, então

$$n(n+1)(n+2) = -(-n)(-n+1)(-n+2).$$

Portanto, é suficiente mostrar que $6 \mid n(n+1)(n+2)$, somente para $n \geq 1$.

$$\begin{cases} BI: 6 \mid 1 \cdot (1+1) \cdot (1+2) = 6 \\ HI: 6 \mid k(k+1)(k+2) \\ TI: 6 \mid (k+1)(k+2)(k+3). \end{cases}$$

Como $(k+1)(k+2)(k+3) = k(k+1)(k+2) + 3(k+1)(k+2)$, então pela HI, basta mostrar que $6 \mid 3(k+1)(k+2)$, ou equivalentemente, que $2 \mid (k+1)(k+2)$ o que é verdadeiro uma vez que um dos números $k+1$ ou $k+2$ é par. □

6. Provar que para todo $n \in \mathbb{N}$, $3^{2n+1} + 2^{n+2}$ é um múltiplo de 7 e que $3^{2n+2} + 2^{6n+1}$ é um múltiplo de 11.

Solução: (i) Vamos provar, por indução, que $7 \mid 3^{2n+1} + 2^{n+2}$. Defina $M_n = 3^{2n+1} + 2^{n+2}$. Então

$$\begin{cases} BI: 7 \mid M_1 = 3^3 + 2^3 = 35 \\ HI: 7 \mid M_k \\ TI: 7 \mid M_{k+1}. \end{cases}$$

Note que $M_{k+1} - M_k = 3^{2k+3} + 2^{k+3} - 3^{2k+1} - 2^{k+2} = 8 \cdot 3^{2k+1} + 2^{k+2} = 7 \cdot 3^{2k+1} + M_k$. Logo $M_{k+1} = 7 \cdot 3^{2k+1} + 2M_k$. Como $7 \mid 7 \cdot 3^{2k+1}$ e pela HI $7 \mid 2M_k$ temos que $7 \mid M_{k+1}$.

(ii) Vamos provar, por indução, que $11 \mid 3^{2n+2} + 2^{6n+1}$. Defina $S_n = 3^{2n+2} + 2^{6n+1}$, então

$$\begin{cases} BI: 11 \mid S_1 = 3^4 + 2^7 = 209 = 11 \cdot 19 \\ HI: 11 \mid S_k \\ TI: 11 \mid S_{k+1}. \end{cases}$$

Note que $S_{k+1} - S_k = 3^{2k+4} + 2^{6k+7} - 3^{2k+2} - 2^{6k+1} = 8 \cdot 3^{2k+2} + 63 \cdot 2^{6k+1} = 8(3^{2k+2} + 2^{6k+1}) + 55 \cdot 2^{6k+1} = 8S_k + 55 \cdot 2^{6k+1}$. Logo $11 \mid S_{k+1} = 9S_k + 55 \cdot 2^{6k+1}$, pois $11 \mid 9S_k$ e $11 \mid 55 \cdot 2^{6k+1}$. □

7. Encontrar inteiros x e y tais que

   (a) $93x + 81y = 3$

   (b) $43x + 128y = 1$

Solução:

(a) Primeiramente temos pelo algoritmo de Euclides

$$\begin{cases} 93 = 81 + 12 \\ 81 = 6 \cdot 12 + 9 \\ 12 = 1 \cdot 9 + 3 \\ 9 = 3 \cdot 3. \end{cases}$$

Isto é $(93, 81) = 3$. Isso mostra que existem inteiros x e y satisfazendo

$$93x + 81y = 3.$$

Logo,

$$\begin{cases} 6 \cdot 93 = 6 \cdot 81 + 6 \cdot 12 = \\ 6 \cdot 81 + (81 - 9) = 7 \cdot 81 - (12 - 3) = \\ 7 \cdot 81 - (93 - 81) + 3 = \\ 8 \cdot 81 - 93 + 3. \end{cases}$$

Assim, $93 \cdot 7 + 81 \cdot (-8) = 3$ e $(x, y) = (7, -8)$ é solução.

(b) Como $128 = 3 \cdot 43 - 1$, então $(x, y) = (3, -1)$ é solução de $43x + 128y = 1$.

□

8. Mostrar que se a e b são inteiros positivos com $(a, b) = [a, b]$, então $a = b$.

Solução: Sejam $a = \prod_{i=1}^{t} {p_i}^{\alpha_i}$ e $b = \prod_{i=1}^{t} {p_i}^{\beta_i}$ com $\alpha_i, \beta_i \geq 0$. De acordo com o Teorema 1.11 e a Proposição 1.5, basta-nos mostrar que se $\max\{\alpha_i, \beta_i\} = \min\{\alpha_i, \beta_i\}$, então $\alpha_i = \beta_i$, o que é trivialmente verdadeiro. Portanto, segue que $a = b$. □

9. Mostrar que $n^5 - n$ é divisível por 30 para todo inteiro n.

Solução: Como $30 = 6 \cdot 5$ e $(6, 5) = 1$, segue que $30 \mid n^5 - n \iff 5 \mid n^5 - n$ e $6 \mid n^5 - n$. Fatorando $n^5 - n$ temos que,

$$n^5 - n = (n-1)n(n+1)(n^2+1).$$

Assim, resta mostrar que $5 \mid n^5 - n$, uma vez que foi mostrado no Problema 5 que $6 \mid (n-1)n(n+1)$ e portanto $6 \mid n^5 - n$. Como todo número natural n é da forma $5k + j$, onde $j \in \{0, 1, 2, 3, 4\}$, temos

$$\begin{cases} n = 5k \Rightarrow 5 \mid (n-1)(5k)(n+1)(n^2+1) = n^5 - n \\ n = 5k+1 \Rightarrow 5 \mid (5k)n(n+1)(n^2+1) = n^5 - n \\ n = 5k+2 \Rightarrow 5 \mid (n-1)n(n+1)(25k^2 + 20k + 5) = n^5 - n \\ n = 5k+3 \Rightarrow 5 \mid (n-1)n(n+1)(25k^2 + 30k + 10) = n^5 - n \\ n = 5k+4 \Rightarrow 5 \mid (n-1)n(5k+5)(n^2+1) = n^5 - n. \end{cases}$$

Portando, podemos concluir que $30 \mid n^5 - n$, para todo inteiro n. □

10. Mostrar que a equação $x^3 + 7x + 17 = 0$ não possui nenhuma solução inteira.

Solução: Suponha, por absurdo, que $m \in \mathbb{Z}$ é uma solução. Então,

$$m^3 + 7m + 17 = 0 \iff m(m^2 + 7) = -17.$$

Como 17 é primo e $m^2 + 7 > 0$, a igualdade acima implica que $m \mid -17$ e logo $m = -1$ ou $m = -17$. Então

$$\begin{cases} m = -1 \Rightarrow (-1) \cdot ((-1)^2 + 7) = -8 \neq -17 \\ m = -17 \Rightarrow (-17) \cdot ((-17)^2 + 7) = -5032 \neq -17. \end{cases}$$

Logo não existe $m \in \mathbb{Z}$ tal que $m^3 + 7m + 17 = 0$. □

11. Mostrar que para nenhum $n \in \mathbb{N}$, $2^n + 1$ é um cubo.

Solução: Suponha, por absurdo que, $2^n + 1 = x^3$, para algum $x \in \mathbb{N}$. Logo $2^n = x^3 - 1 = (x-1)(x^2+x+1)$. Como $2^n + 1 \neq 1^3$ e $2^n + 1 \neq 2^3$, então podemos supor $x > 2$. Logo $x - 1 > 1$ divide 2^n e, portanto, deve ser par. Assim x é ímpar e logo $x^2 + x + 1$ é ímpar maior do que 1 dividindo 2^n. Esse absurdo completa nossa demonstração. □

12. Pode o número $A = 111\ldots1$, formado por trezentos 1's, ser um quadrado?

Solução: Para resolvermos esse problema usaremos o seguinte fato. Se p é primo e $p \mid a^2$, então $p^2 \mid a^2$. De fato, se $p \mid a^2 = a \cdot a$ então $p \mid a$ e portanto $p^k \mid a^k$ para todo $k \geq 1$. Em particular para $k = 2$. Suponha, por absurdo, que $A = a^2$ para algum $a \in \mathbb{N}$. Como a soma dos dígitos de A é 300, então $3 \mid A = a^2$ e pelo fato acima $3^2 \mid a^2 = A$. Portanto 9 divide A, mas isso implica que $9 \mid 300$ o que é um absurdo. Logo A não é um quadrado perfeito. □

13. Sejam $F_1 = 1$, $F_2 = 1$ e $F_n = F_{n-1} + F_{n-2}$, $n \geq 3$ (F_n é chamado o n-ésimo número de Fibonacci). Mostrar que

(a) $F_1 + F_3 + F_5 + \cdots + F_{2n-1} = F_{2n}$

(b) $F_2 + F_4 + F_6 + \cdots + F_{2n} = F_{2n+1} - 1$

(c) $F_1 + F_2 + F_3 + \cdots + F_n = F_{n+2} - 1$

(d) $F_1F_2 + F_2F_3 + +F_3F_4 + \cdots + F_{2n}F_{2n+1} = {F_{2n+1}}^2 - 1$

Solução: Mostraremos cada um dos casos por indução.

(a) Temos que

$$\begin{cases} BI : n = 1,\ F_1 = F_{2\cdot1-1} = 1 \\ HI : F_1 + F_3 \cdots + F_{2k-1} = F_{2k} \\ TI : F_1 + F_3 \cdots + F_{2k+1} = F_{2k+2}. \end{cases}$$

Como

$$F_1 + F_3 \cdots + F_{2k+1} = F_1 + F_3 \cdots + F_{2k-1} + F_{2k+1},$$

temos pela HI que

$$F_1 + F_3 \cdots + F_{2k+1} = F_{2k} + F_{2k+1}$$

e, portanto,

$$F_1 + F_3 \cdots + F_{2k+1} = F_{2k+2}.$$

(b) Temos que

$$\begin{cases} BI : n = 1,\ F_2 = F_{2\cdot 1+1} - 1 = 1 \\ HI : F_2 + F_4 + \cdots + F_{2k} = F_{2k+1} - 1 \\ TI : F_2 + F_4 + \cdots + F_{2k+2} = F_{2k+3} - 1. \end{cases}$$

Como

$$F_2 + F_4 + \cdots + F_{2k+2} = F_2 + F_4 + \cdots + F_{2k} + F_{2k+2},$$

temos pela HI que

$$F_2 + F_4 + \cdots + F_{2k+2} = F_{2k+1} - 1 + F_{2k+2}$$

e, portanto,

$$F_2 + F_4 + \cdots + F_{2k+2} = F_{2k+1} + F_{2k+2} - 1 = F_{2k+3} - 1.$$

(c) Temos que

$$\begin{cases} BI : n = 1,\ F_1 = F_{1+2} - 1 = 1 \\ HI : F_1 + F_2 + \cdots + F_k = F_{k+2} - 1 \\ TI : F_1 + F_2 + \cdots + F_{k+1} = F_{k+3} - 1. \end{cases}$$

Como

$$F_1 + F_2 + \cdots + F_{k+1} = F_1 + F_2 + \cdots + F_k + F_{k+1},$$

temos pela HI que

$$F_1 + F_2 + \cdots + F_{k+1} = F_{k+2} - 1 + F_{k+1}$$

e, portanto,

$$F_1 + F_2 + \cdots + F_{k+1} = F_{k+2} + F_{k+1} - 1 = F_{k+3} - 1.$$

(d) Temos que

$$\begin{cases} BI : F_1F_2 + F_2F_3 = 1\cdot 1 + 1\cdot 2 = 3 = 2^2 - 1 = {F_{2\cdot 1+1}}^2 - 1 \\ HI : F_1F_2 + \cdots + F_{2k}F_{2k+1} = {F_{2k+1}}^2 - 1 \\ TI : F_1F_2 + \cdots + F_{2k+2}F_{2k+3} = {F_{2k+3}}^2 - 1. \end{cases}$$

Como

$$F_1F_2 + \cdots + F_{2k+2}F_{2k+3} = F_1F_2 + \cdots + F_{2k}F_{2k+1} + F_{2k+1}F_{2k+2} + F_{2k+2}F_{2k+3},$$

temos pela HI que

$$F_1F_2 + \cdots + F_{2k+2}F_{2k+3} = {F_{2k+1}}^2 - 1 + F_{2k+1}F_{2k+2} + F_{2k+2}F_{2k+3}.$$

Assim, vale que

$$F_1F_2 + \cdots + F_{2k+2}F_{2k+3} = F_{2k+1}(F_{2k+1} + F_{2k+2}) + F_{2k+2}F_{2k+3} - 1.$$

Logo

$$F_1F_2 + \cdots + F_{2k+2}F_{2k+3} = F_{2k+1}F_{2k+3} + F_{2k+2}F_{2k+3} - 1,$$

e, portanto,

$$F_1F_2 + \cdots + F_{2k+2}F_{2k+3} = F_{2k+3}(F_{2k+1} + F_{2k+2}) - 1.$$

Daí,

$$F_1F_2 + \cdots + F_{2k+2}F_{2k+3} = F_{2k+3}F_{2k+3} - 1 = {F_{2k+3}}^2 - 1$$

□

14. Mostrar que os números de Fibonacci, definidos no problema anterior, satisfazem

(a) $(F_n, F_{n+1}) = 1$

(b) $(F_n, F_{n+3}) = 1$ ou 2.

Solução:

(a) Apresentamos duas soluções para este problema.

(i)

$$\begin{cases} BI : (F_1, F_2) = 1 \\ HI : (F_k, F_{k+1}) = 1 \\ TI : (F_{k+1}, F_{k+2}) = 1. \end{cases}$$

Como $(F_{k+1}, F_{k+2}) = (F_{k+1}, F_{k+1} + F_k)$ e como pelo Teorema 1.5 temos que $(a, b) = (a, b + ax)$ para todos inteiros a, b e x, então, temos, $(F_{k+1}, F_{k+2}) = (F_{k+1}, F_k)$. Logo, como pela HI $(F_{k+1}, F_k) = 1$ então $(F_{k+1}, F_{k+2}) = 1$.

(ii) Pelo algoritmo de Euclides,

$$\begin{cases} F_{n+1} = F_n + F_{n-1} \\ F_n = F_{n-1} + F_{n-2} \\ \quad \vdots \\ F_3 = F_2 + F_1 \\ F_2 = F_1 \end{cases}$$

logo $(F_{n+1}, F_n) = F_1 = 1$.

(b) Como $(F_n, F_{n+3}) = (F_n, F_{n+1}+F_{n+2}) = (F_n, 2F_{n+1}+F_n) = (F_n, 2F_{n+1})$. Então, $(F_n, F_{n+3}) \mid F_n$ e $(F_n, F_{n+3}) \mid 2F_{n+1}$. Portanto $(F_n, F_{n+3}) \mid 2F_n$ e $(F_n, F_{n+3}) \mid 2F_{n+1}$. Assim, $(F_n, F_{n+3}) \mid (2F_n, 2F_{n+1}) = 2(F_n, F_{n+1})$. Mas pelo item anterior vimos que $(F_n, F_{n+1}) = 1$, logo $(F_n, F_{n+3}) \mid 2(F_n, F_{n+1}) = 2 \Rightarrow (F_n, F_{n+3}) = 1$ ou $(F_n, F_{n+3}) = 2$.

□

15. Mostrar que além de $2 = 1^3 + 1$, nenhum número da forma $n^3 + 1$ é primo.

Solução: Devemos mostrar que $n^3 + 1$ é composto, para todo $n > 1$. De fato, como

$$n^3 + 1 = (n+1)(n^2 - n + 1)$$

segue diretamente que $n^3 + 1$ é composto pois $n + 1 > 2$ e se $n^2 - n + 1 = 1$ então $n = 0$ ou $n = 1$. □

16. Utilizando a sequência $R_n = n! + 1,\ n \geq 1$, fornecer uma outra demonstração para a infinitude dos primos.

Solução: Mostraremos que dado $n \in \mathbb{N}$, existe p primo com $p > n$. De fato, para todo $n \in \mathbb{N}$, podemos escrever $n! + 1 = R_n = pm$, com $m \geq 1$. Logo $p \mid n! + 1$. Se $p \leq n$, então p dividiria $n!$ e logo p dividiria 1. Portanto $p > n$. □

17. Mostrar que todo inteiro maior do que 11 é a soma de dois inteiros compostos.

Solução: Apresentamos duas soluções para este problema.

(i) Temos, primeiramente, que todo inteiro n admite as formas $n = 2k$ ou $n = 2k + 1$. Assim, podemos escrever n como segue

$$n = 2k = 2(k-2) + 4 \qquad n = 2(k-4) + 9.$$

Como $n > 11$ temos que $k > 5$, portando, $2(k-2)$ e $2(k-4)$ são números compostos e daí segue que todo inteiro $n > 11$ é a soma de dois compostos.

(ii) Vamos à segunda solução. Suponha que n é da forma $2k$, com $k > 5$, então,
(1) k composto $\Rightarrow n = k + k$
(2) k primo $\Rightarrow k$ ímpar, assim $n = (k-1) + (k+1)$, $(k-1)$ e $(k+1)$ são números pares maiores do que 2 e, portanto, $(k-1)$ e $(k+1)$ são números compostos.
Suponha, agora, que n é da forma $2k + 1$. Logo, $n = 2k + 1 = k + (k+1)$ com $k > 5$. Se k e $k + 1$ são compostos, então está terminado. Suponha então, sem perda de generalidade, que k é primo. Logo $k - 1$ é composto e $n = (k-1) + (k+2)$. Assim, $k + 2$ composto implica no resultado. Portanto, suponha, que, $k+2$ é primo. Então $k+3$ é composto e $n = (k-2)+(k+3)$. Afirmamos que $k - 2$ é composto e o problema está resolvido. De fato, se $k - 2$ é primo, então, pelo Problema 18, temos que $k - 2$, k e $k + 2$ são primos implica $k - 2 = 3$. Logo $k = 5$ o que é absurdo, pois $k > 5$. □

18. Mostrar que 3 é o único primo p tal que p, $p + 2$ e $p + 4$ são todos primos.

Solução: Claramente se $p = 3$, então p, $p+2$ e $p+4$ são primos. Suponha $p > 3$ primo. Então p admite as seguintes formas $3k + 1$ ou $3k + 2$. Em qualquer um dos casos temos: se $p = 3k + 1$, então $3 \mid p+2$ e logo $p+2$ é composto. Se $p = 3k+2$, então $3 \mid p+4$ e logo $p+4$ é composto. □

19. Achar a soma de todos os números formados pelas permutações dos dígitos 1, 2, 3, 4 e 5, isto é: $12345 + \cdots + 54321$.

Solução: Vamos estabelecer duas soluções para esse problema.

(i) Seja $S = 12345 + \cdots + 54321$. Vamos somar da maneira convencional. Note que o dígito das unidades de S é igual ao resto da divisão de $24(1 + 2 + 3 + 4 + 5) = 360$ por 10, Logo o último dígito de S é 0. Como a soma de cada coluna abaixo é igual a 360

12345
12354
$\vdots$
54312
54321

então o dígito das dezenas de S é o resto da divisão de $360 + 36$ por 10, isto é, 6. Pelo mesmo argumento, o dígito da centena e milhar é 9. Pois 9 é o resto da divisão de $360 + 39$ por 10. Mas, claramente, seus 3 primeiros dígitos são $360 + 39 = 399$. Logo, $S = 3.999.960$.

(ii) Usaremos a conhecida ideia de Gauss para somar os números de 1 a 100, isto é, somar termos recíprocos. Seja

$$S = 12345 + 12354 + \cdots + 54312 + 54321.$$

Note que a primeira parcela somada com a última resulta em $12345 + 54321 = 66.666$ o mesmo acontece com a segunda somada com a penúltima $12354 + 54312 = 66.666$ e assim por diante. Como existem $5! = 120$ parcelas na soma, temos que $S = \underbrace{66.666 + \cdots + 66.666}_{60 \text{ vezes}} = 60 \cdot 66.666 =$ $3.999.960$. $\square$

20. Provar que não existe $n \in \mathbb{N}$ tal que $7 \mid (4n^2 - 3)$.

Solução: Suponha, por absurdo, que $7 \mid 4n^2 - 3$. Como $7 \mid 7$, entao $7 \mid (4n^2 - 3) + 7 = 4(n^2 + 1)$. Mas $(7, 4) = 1$ e, portanto, $7 \mid (n^2 + 1)$, ou seja, n^2 deixa resto 6 na divisão por 7. Por outro lado, n é da forma $7k + j$, com $j \in \{0, \ldots, 6\}$ e, portanto, os possíveis restos na divisão de n^2 por 7 são $0, 1, 2$ e 4. Assim 7 não pode dividir $n^2 + 1$ e, consequentemente, 7 não pode dividir $4n^2 - 3$. $\square$

21. Sabendo que o resto da divisão de um inteiro b por 7 é 5, calcular o resto da divisão por 7 dos seguintes números:

(a) $-b$

(b) $2b$

(c) $3b + 7$

(d) $10b + 1$

(e) $b^2 + b + 1$

Solução: Como b é da forma $7k + 5$ então

(a) $-b = -7k - 5 = 7(-k-1) + 2 \Rightarrow$ resto é 2.

(b) $2b = 14k + 10 = 7(2k+1) + 3 \Rightarrow$ resto é 3.

(c) $3b + 7 = 21k + 22 = 7(3k+3) + 1 \Rightarrow$ resto é 1.

(d) $10b + 1 = 70k + 51 = 7(10k+7) + 2 \Rightarrow$ resto é 2.

(e) $b^2 + b + 1 = 49k^2 + 77k + 31 = 7(7k^2 + 11k + 4) + 3 \Rightarrow$ resto é 3.

□

22. Seja $U_n = 111\ldots1$ um número formado por n 1's. Provar que U_n primo implica n primo.

Solução: Mostraremos que n composto implica U_n composto. De fato, se $n = rs$, com $r, s > 1$, então

$$U_n = 111\ldots1 = \frac{10^n - 1}{9} = \frac{10^{rs} - 1}{9} = \frac{(10^r)^s - 1}{9} =$$
$$= \left(\frac{10^r - 1}{9}\right)(10^{r(s-1)} + \cdots + 1)$$

que é composto, já que cada expressão entre parênteses é maior que 1. Note que $\frac{10^r-1}{9} \geq \frac{10^2-1}{9} = 11$. □

23. Mostrar que, se para algum n, $m \mid (35n + 26)$, $m \mid (7n + 3)$ e $m > 1$, então $m = 11$.

Solução: Como $m \mid (35n + 26)$ e $m \mid (7n + 3)$ então m divide

$$1(35n + 26) + (-5)(7n + 3) = 11.$$

Logo $m = 1$ ou $m = 11$, mas por hipótese, $m > 1$. Assim, $m = 11$. □

24. Sendo $\frac{1}{a} + \frac{1}{b}$ um inteiro, onde a e b são inteiros positivos, mostrar $a = b$. Mostrar também que $a = 1$ ou 2.

Solução: Apresentamos três soluções para esse problema.

(*i*) Suponha que $\frac{1}{a} + \frac{1}{b} = c \in \mathbb{Z}$. Então $a + b = abc$ e podemos concluir que $a \mid b$ pois $b = a(bc-1)$ e $b \mid a$ pois $a = b(ac-1)$. Logo $a = b$, pois a e b são positivos. Daí $\frac{2}{a} = c$ e logo $a \mid 2$. Sendo assim, segue que $a = 1$ ou $a = 2$.

(*ii*) Se $\frac{1}{a} + \frac{1}{b} = c$, então $a + b = abc$ e, portanto, $b = \frac{a}{ac-1}$. Como $ac - 1$ é maior do que a para $c > 3$; segue que $c = 1$ ou $c = 2$. Logo $b = \frac{a}{a-1}$ ou $b = \frac{a}{2a-1}$. Assim $a - 1 \mid a$ e daí $a = 2$ (e, portanto, $b = 2$). No outro caso $(2a-1) \mid a$ e daí $1 = (-1, a) = (2a-1, a) = 2a - 1 \Rightarrow a = 1$ (e, portanto, $b = 1$).

(*iii*) Se $\min\{a, b\} > 2$, então

$$0 < \frac{1}{a} + \frac{1}{b} < \frac{1}{2} + \frac{1}{2} = 1.$$

Logo $\frac{1}{a} + \frac{1}{b}$ não pode ser inteiro, pois está entre 0 e 1. Logo $\min\{a, b\} \leq 2$. Daí, se $a = 1$ então $\frac{1}{b} \in \mathbb{N} \Rightarrow b = 1$. Se $a = 2$ então $\frac{1}{2} + \frac{1}{b} \in \mathbb{N} \Rightarrow \frac{2}{b} \in \mathbb{N} \Rightarrow b = 1$ ou $b = 2$. Mas $\frac{1}{2} + 1 \notin \mathbb{N}$ então $b = 2$. □

25. Mostrar que, se $(a,b)=1$, então $(2a+b, a+2b)=1$ ou 3.

Solução: (i) Solução 1. Se $d=(2a+b, a+2b)$. Temos que,

$$d \mid ((-1)(2a+b)+2(a+2b)) = 3b$$

e também,

$$d \mid (2(2a+b)+(-1)(a+2b)) = 3a.$$

Se $(3,d)=1$ então $d \mid a$ e $d \mid b$. Logo $d=1$ pois $(a,b)=1$.

Se $(3,d)=3$ então $d=3k$. Como $d \mid 3a$ e $d \mid 3b$ então $k \mid a$ e $k \mid b$. Mas $(a,b)=1$ e portanto $k=1$. Assim, $d=3$.

(ii) Solução 2. Usaremos o Teorema 1.7 e a Proposição 1.3. De fato,

$$d=(2a+b,a+2b)=(2(a+2b)-3b,a+2b)=$$

$$=(3b,a+2b)=(3b,a-b+3b)=(3b,a-b)$$

mas,

$$(3b,a-b) \mid (3b,3(a-b))=(3b,3a-3b)=(3b,3a)=3(b,a)=3.$$

Logo, $d \mid 3$ e portanto $d=1$ ou $d=3$. □

26. Mostrar que sendo n um inteiro, o número $n(n+1)(n+2)(n+3)+1$ é um quadrado perfeito.

Solução: Defina $a=n^2+3n$. Logo $n(n+1)(n+2)(n+3)+1=(n(n+3))((n+1)(n+2))+1=(n^2+3n)(n^2+3n+2)+1=a(a+2)+1=a^2+2a+1=(a+1)^2=(n^2+3n+1)^2$. □

27. Determinar todos os números de 3 algarismos divisíveis por $8, 11$ e 12.

Solução: Primeiramente calculamos o menor inteiro que tem 8, 11 e 12 como fatores comuns. Este é o mínimo múltiplo comum que é dado por $[8,11,12]=264$. Daí os números que são, simultaneamente, divisíveis por 8, 11 e 12 são os múltiplos de 264. Logo com 3 dígitos temos:

$$\{264, 2\cdot 264, 3\cdot 264\}=\{264,528,792\}.$$

□

28. Encontrar todos os inteiros positivos n para os quais $(n+1) \mid (n^2+1)$.

Solução: Suponha que $(n+1) \mid (n^2+1)$, então $\frac{n^2+1}{n+1}=\frac{n^2-1+2}{n+1}=n-1+\frac{2}{n+1}\in\mathbb{Z}$. Logo $n+1 \mid 2$ e portanto, $n+1=1$ ou $n+1=2$. Daí $n=0$ ou $n=1$. Assim, $n=1$ é o único inteiro positivo tal que $(n+1) \mid (n^2+1)$. □

29. Dados a e b inteiros com $b \neq 0$, mostrar que existem inteiros q e r satisfazendo $a=qb\pm r$, $0 \leq r \leq \frac{b}{2}$.

Solução: Pelo algoritmo da divisão de Euclides temos que $a=bq+r$, com $0\leq r<b$. Se $r\leq\frac{b}{2}$, o resultado está provado. Se $r>\frac{b}{2}$ então $a=b(q+1)-(b-r)$, onde $b-r<b-\frac{b}{2}=\frac{b}{2}$ e o resultado está completo. □

30. Mostrar que se a e b são inteiros, $(a,3) = (b,3) = 1$, então $a^2 + b^2$ não é um quadrado perfeito.

Solução: Como por hipótese $(a,3) = 1$ então $a = 3k+1$ ou $a = 3k+2$. Logo temos, que, quando $a = 3k+1$, $a^2 = 3\bar{k}+1$ com $\bar{k} = 3k^2+2k$ e quando $a = 3k+2$ temos que $a^2 = 3k'+1$ com $k' = 3k^2+4k+1$. Como $(b,3) = 1$ temos que $b = 3q+1$ ou $b = 3q+2$ e, analogamente, teremos que b^2 é da forma $3Q+1$. Assim, se $x^2 = a^2+b^2$ temos que $x^2 = a^2+b^2 = 3s+2$. Mas como todo quadrado deixa resto 0 ou 1 na divisão por 3

$$x^2 = a^2 + b^2$$

não é um quadrado perfeito. □

31. Mostrar que para $n > 1$ os números $n^4 + 4$ e $n^4 + n^2 + 1$ são ambos números compostos.

Solução: (i) De fato, temos que,

$$n^4 + 4 = n^4 + (2n)^2 + 4 - (2n)^2 = (n^2+2)^2 - (2n)^2 = (n^2+2+2n)(n^2+2-2n).$$

Como $n \geq 2$ temos que $n^2+2+2n = n(n+2)+2 > 2$ e $n^2+2-2n = n(n-2)+2 \geq 2$. Portanto, segue que n^4+4 é composto.

(ii) De fato, temos que,

$$n^4 + n^2 + 1 = n^4 + 2n^2 + 1 - n^2 = (n^2+1)^2 - n^2 = (n^2+1+n)(n^2+1-n).$$

Como $n \geq 2$ temos que $n^2+1+n > 1$ e $n^2+1-n = n(n-1)+1 > 1$. Portanto, segue que n^4+n^2+1 é composto. □

32. Mostrar os itens (a), (b) e (c) do Problema 13 sem fazer uso de indução.

Solução: (a) Observe que

$$\begin{cases} F_1 = F_2 \\ F_3 = F_4 - F_2 \\ F_5 = F_6 - F_4 \\ \vdots \\ F_{2n-3} = F_{2n-2} - F_{2n-4} \\ F_{2n-1} = F_{2n} - F_{2n-2}. \end{cases}$$

Somando as igualdades acima, obtemos $F_1 + F_3 + \cdots + F_{2n-1} = F_{2n}$.

(b) Com efeito, temos:

$$\begin{cases} F_2 = F_3 - F_1 \\ F_4 = F_5 - F_3 \\ F_6 = F_7 - F_5 \\ \vdots \\ F_{2n-2} = F_{2n-1} - F_{2n-3} \\ F_{2n} = F_{2n+1} - F_{2n-1}. \end{cases}$$

Somando as igualdades acima, obtemos $F_2 + F_4 + \cdots + F_{2n} = F_{2n+1} - F_1 = F_{2n+1} - 1$.

(c) Note que,

$$\begin{cases} F_1 = F_3 - F_2 \\ F_2 = F_4 - F_3 \\ F_3 = F_5 - F_4 \\ \vdots \\ F_{n-1} = F_{n+1} - F_n \\ F_n = F_{n+2} - F_{n+1}. \end{cases}$$

Somando as igualdades acima, obtemos $F_1 + F_2 + \cdots + F_n = F_{n+2} - F_2 = F_{n+2} - 1$.

□

33. Mostrar que $(a, bc) = 1$ se, e somente se, $(a, b) = (a, c) = 1$.

Solução: Usaremos o fato que, $(a, b) = 1$ se, e somente se, existem $x,y \in \mathbb{Z}$ tais que $ax + by = 1$. De fato, se $(a, bc) = 1$ então existem $x_0, y_0 \in \mathbb{Z}$ tais que $ax_0 + (bc)y_0 = 1$. Logo,

$$\begin{aligned} ax_0 + (y_0c)b = 1 &\Rightarrow (a, b) = 1 \\ ax_0 + (y_0b)c = 1 &\Rightarrow (a, c) = 1. \end{aligned}$$

Se $(a, b) = (a, c) = 1$, então existem $r, s, t, u \in \mathbb{Z}$ tais que, $ar + bs = 1 = at + cu$. Logo, $1 = (ar + bs)(at + cu) = rta^2 + rauc + sbta + sbuc = (rta + ruc + sbt)a + (su)(bc) \Rightarrow (a,bc) = 1$.
□

34. Mostrar que se $b \mid c$ então $(a + c, b) = (a, b)$.

Solução: Usaremos o Teorema 1.7. Se $a, b \in \mathbb{Z}$, então $(qb + r, b) = (r, b)$. Como $b \mid c$ então $c = qb$ para algum $q \in \mathbb{Z}$. Daí pelo Teorema 1.7 segue que $(a + c, b) = (a + qb, b) = (a, b)$. □

35. Mostrar que se $(a, c) = 1$ então $(a, bc) = (a, b)$.

Solução: Como $(a, b) \mid a$, e $(a, b) \mid b \mid bc$ segue que (a, b) é um divisor comum de (a, bc) portanto $(a, b) \leq (a, bc)$. Por outro lado, a e c são primos entre si, logo, existem $x_0, y_0 \in \mathbb{Z}$ tais que $ax_0 + cy_0 = 1 \Rightarrow (ab)x_0 + (bc)y_0 = b$. Como $(a, bc) \mid a$ e $(a, bc) \mid bc$, então $(a, bc) \mid (a(bx_0) + bcy_0) = b \Rightarrow (a, bc) \leq (a, b)$. Daí vale a igualdade, isto é, $(a, bc) = (a, b)$. □

36. Mostrar que $(a, b, c) = ((a, b), c)$.

Solução: De modo análogo a prova do Teorema 1.11, podemos mostrar que se $a = \prod {p_i}^{\alpha_i}$, $b = \prod {p_i}^{\beta_i}$ e $c = \prod {p_i}^{\gamma_i}$ então $(a, b, c) = \prod {p_i}^{\min\{\alpha_i, \beta_i, \gamma_i\}}$. Por outro lado, pelo Teorema 1.11, $((a, b), c) = \left(\prod {p_i}^{\min\{\alpha_i, \beta_i\}}, c\right) = \prod {p_i}^{\min\{\min\{\alpha_i, \beta_i\}, \gamma_i\}}$. Portanto, resta-nos mostrar que $\min\{\min\{\alpha_i, \beta_i\}, \gamma_i\} = \min\{\alpha_i, \beta_i, \gamma_i\}$. Mas essa igualdade é fácil de ser provada dividindo os casos em que α_i, β_i e γ_i são mínimos, respectivamente. □

37. Dizer qual é o maior inteiro que pode ser somado ao dividendo sem alterar o quociente quando se divide 431 por 37.

Solução: Temos que $431 = 37 \cdot 11 + 24$. Logo, somando t ao dividendo e ao resto, temos $431 + t = 37 \cdot 11 + (24 + t)$. Queremos o maior t, tal que o quociente da divisão de $431 + t$ por 37 seja ainda 11. Logo, queremos o maior t tal que $24 + t < 37$ (pois caso contrário, o quociente será pelo menos 12). Daí $t < 13$ e portanto $t = 12$ é o valor desejado. □

38. Para cada par de inteiros a e b dado abaixo, encontrar o quociente q e o resto r satisfazendo o algoritmo da divisão de Euclides

(a) $a = 59;\ b = 6$

(b) $a = -71;\ b = 5$

(c) $a = -48;\ b = -7$

(d) $a = 67;\ b = -13$

Solução:

(a) $59 = 9 \cdot 6 + 5 \Rightarrow q = 9$ e $r = 5$.

(b) $-71 = 5 \cdot (-15) + 4 \Rightarrow q = -15$ e $r = 4$.

(c) $-48 = (-7) \cdot 7 + 1 \Rightarrow q = 7$ e $r = 1$.

(d) $67 = (-13) \cdot (-5) + 2 \Rightarrow q = -5$ e $r = 2$.

□

39. Mostrar que se n e m são inteiros ímpares, então $8 \mid (n^4 + m^4 - 2)$.

Solução: Escrevendo $n = 2k + 1$ e $m = 2t + 1$, temos,

$$n^4 + m^4 - 2 = 16(t^4 + k^4) + 32(t^3 + k^3) + 24(t^2 + k^2) + 8(t + k)$$

o que claramente é um múltiplo de 8.

OBS.: Usamos que $(a + 1)^4 = a^4 + 4a^3 + 6a^2 + 4a + 1$. □

40. Encontrar o menor inteiro positivo da forma $36x + 54y$ onde x e y são inteiros.

Solução: Usaremos a observação do Teorema 1.3, que diz que o menor inteiro positivo da forma $ax + by$, com $x, y \in \mathbb{Z}$, é exatamente (a, b), ou seja, $(a, b) = \min(\mathbb{N} \cap \{ma + nb \mid m, n \in \mathbb{Z}\})$. Daí basta calcular $(36, 54)$. Portanto $(36, 54) = (2^2 \cdot 3^2, 2 \cdot 3^3) = 2 \cdot 3^2 = 18$. □

41. Utilizando o processo descrito no Teorema 1.17 expressar o número 274 nas bases 2,5,7 e 9.

Solução: Na demonstração do Teorema 1.17, vimos que se

$$\begin{cases} n = bq_0 + a_0, \ 0 \leq a_0 < b \\ q_0 = bq_1 + a_1, \ 0 \leq a_1 < b \\ q_1 = bq_2 + a_2, \ 0 \leq a_2 < b \\ \vdots \\ q_{k-1} = b0 + a_k, \ 0 \leq a_k < b \end{cases}$$

então $n = (a_k a_{k-1} \ldots a_1 a_0)_b$. Daí 274 pode ser expresso na,

(i) Base 2,

$$\begin{cases} 274 = 2 \cdot 137 + 0, \\ 137 = 2 \cdot 68 + 1, \\ 68 = 2 \cdot 34 + 0, \\ 34 = 2 \cdot 17 + 0, \\ 17 = 2 \cdot 8 + 1, \\ 8 = 2 \cdot 4 + 0, \\ 4 = 2 \cdot 2 + 0, \\ 2 = 2 \cdot 1 + 0, \\ 1 = 2 \cdot 0 + 1, \end{cases}$$

então $274 = (100010010)_2$.

(ii) Base 5,

$$\begin{cases} 274 = 5 \cdot 54 + 4, \\ 54 = 5 \cdot 10 + 4, \\ 10 = 5 \cdot 2 + 0, \\ 2 = 5 \cdot 0 + 2, \end{cases}$$

então $274 = (2044)_5$.

(iii)Base 7,

$$\begin{cases} 274 = 7 \cdot 39 + 1, \\ 39 = 7 \cdot 5 + 4, \\ 5 = 7 \cdot 0 + 5, \end{cases}$$

então $274 = (541)_7$.

(iv) Base 9,

$$\begin{cases} 274 = 9 \cdot 30 + 4, \\ 30 = 9 \cdot 3 + 3, \\ 3 = 9 \cdot 0 + 3, \end{cases}$$

então $274 = (334)_9$. □

42. Transformar para a base 10 os seguintes números

    (a) $(2351)_7$
    (b) $(1001110)_2$
    (c) $(7706)_8$
    (d) $(11122)_4$

    Solução:

    (a) $(2351)_7 = 1\cdot 7^0 + 5\cdot 7^1 + 3\cdot 7^2 + 2\cdot 7^3 = 1 + 35 + 147 + 686 = 869.$
    (b) $(1001110)_2 = 0\cdot 2^0 + 1\cdot 2^1 + 1\cdot 2^2 + 1\cdot 2^3 + 0\cdot 2^4 + 0\cdot 2^5 + 1\cdot 2^6 = 2 + 4 + 8 + 64 = 78.$
    (c) $(7706)_8 = 6\cdot 8^0 + 0\cdot 8^1 + 7\cdot 8^2 + 7\cdot 8^3 = 6 + 448 + 3584 = 4038.$
    (d) $(11122)_4 = 2\cdot 4^0 + 2\cdot 4^1 + 1\cdot 4^2 + 1\cdot 4^3 + 1\cdot 4^4 = 2 + 8 + 16 + 64 + 256 = 346.$

    □

43. Mostrar que se $2^n + 1$ é um primo ímpar, então n é uma potência de 2.

    Solução: Suponha que n não é potência de 2, isto é, $n = 2^a m$, com $m > 1$ ímpar e $a \geq 0$. Usando que se t é ímpar, então

    $$a^t + 1 = (a+1)(a^{t-1} - a^{t-2} + \cdots + 1),$$

    obtemos, $2^n + 1 = (2^{2^a})^m + 1 = (2^{2^a} + 1)(2^{2^a(m-1)} - 2^{2^a(m-2)} + \cdots + 1)$, que é um número composto. □

44. Provar que se $d = (a, b)$, então d é o número de inteiros na sequência $a, 2a, 3a, \ldots, ba$ que são divisíveis por b.

    Solução: (i) Solução 1. Suponha que ja é divisível por b, para algum $1 \leq j \leq b$. Então $b \mid ja$ e $a \mid ja$, portanto $[a, b] \mid ja$ (isso porque ja seria um múltiplo comum de a e b). Daí $ja = k[a, b]$, para algum $k \in \mathbb{Z}$. Para saber a quantidade de possíveis j, é suficiente encontrar a quantidade de possíveis k. Como $ja \leq ab$, então k é o maior inteiro tal que

    $$k[a, b] \leq ab \Rightarrow k \leq \frac{ab}{[a, b]} = (a, b),$$

    onde usamos o Teorema 1.16. Logo, existem (a, b) possíveis k o que implica na existência de (a, b) possíveis $j \in \{1, \ldots, b\}$ tais que $b \mid ja$.

    (ii) Solução 2. O número de múltiplos de b no conjunto $\{a, 2a, \ldots, ba\}$ é o mesmo número de múltiplos de $\frac{b}{d}$ no conjunto $\{\frac{a}{d}, 2\frac{a}{d}, \ldots, b\frac{a}{d}\}$. Como $\left(\frac{a}{d}, \frac{b}{d}\right) = 1$, então é o número de múltiplos de $\frac{b}{d}$ no conjunto $\{1, 2, \ldots, b\}$ que é igual a $\left\lfloor \frac{b}{\frac{b}{d}} \right\rfloor = d$, onde usamos o seguinte fato:

    O número de múltiplos de k no conjunto $\{1, \ldots, n\}$ é $\lfloor \frac{n}{k} \rfloor$.

    □

1.2 Congruência

Problemas resolvidos do Capítulo 2

1. Mostrar que $47 \mid (2^{23} - 1)$

Solução: Temos que $2^6 = 64 \equiv 17 \pmod{47}$. Elevando ao cubo, obtemos

$$2^{18} = (2^6)^3 \equiv 17^3 \equiv 25 \pmod{47}.$$

Finalmente, multiplicando por 2^5 obtemos,

$$2^{23} \equiv 25 \cdot 32 \equiv 800 \equiv 1 \pmod{47}.$$

Portanto $47 \mid 2^{23} - 1$. □

2. Encontrar o resto da divisão de 7^{34} por 51 e o resto da divisão de 5^{63} por 29.

Solução: Para resolver este problema usaremos o Teorema 2.3, que diz:

Se $ac \equiv bc \pmod{m}$ e $(c, m) = 1$, então $a \equiv b \pmod{m}$.

(i) Note que $7^2 \equiv -2 \pmod{51}$ e daí $7^{34} = (7^2)^{17} \equiv (-2)^{17} \equiv -2^{17} \pmod{51}$. Por outro lado, $2^6 \equiv 13 \pmod{51}$ e então $2^{12} = (2^6)^2 \equiv 13^2 \equiv 169 \equiv 16 \equiv 2^4 \pmod{51}$. Aplicando o Teorema citado com $a = 2^8$, $b = 1$, $c = 2^4$ e $m = 51$, obtemos a congruência $2^8 \equiv 1 \pmod{51}$ e logo $-2^{17} \equiv -2 \cdot (2^8)^2 \equiv -2 \pmod{51}$. Assim, $7^{34} \equiv -2 \equiv 49 \pmod{51}$. Portanto, o resto é 49.

(ii) Como 29 é primo, então pelo *Pequeno Teorema de Fermat*, temos que $5^{28} \equiv 1 \pmod{29}$ e, portanto,

$$5^{63} \equiv 5^{2\cdot 28+7} \equiv (5^{28})^2 \cdot 5^7 \equiv 5^7 \pmod{29}.$$

Mas $5^2 \equiv -4 \pmod{29}$ e daí,

$$5^7 \equiv 5^{2\cdot 3+1} \equiv (5^2)^3 \cdot 5 \equiv (-4)^3 \cdot 5 = 23 \cdot 5 \equiv 28 \pmod{29}.$$

Portanto, temos que $5^{63} \equiv 28 \pmod{29}$ e o resto em questão é 28. □

3. Mostrar que se p é um ímpar e $a^2 + 2b^2 = 2p$, então a é par e b é ímpar.

Solução: Note que a é par, pois $a^2 = 2(p - b^2)$. Suponha, por absurdo, que b é par. Então $a = 2k$ e $b = 2t$. Daí

$$2p = a^2 + 2b^2 = 4k^2 + 8t^2$$

e logo $p = 4(k^2 + 2t^2)$ é par, contradizendo o fato de p ser ímpar. □

4. Provar que para p primo $(p-1)! \equiv p - 1 \pmod{1 + 2 + 3 + \cdots + (p-1)}$.

Solução: Queremos mostrar que $(p-1)! \equiv p-1 \pmod{1+2+\cdots+(p-1)}$, ou seja, $(p-1)! \equiv p-1$

(mod $\frac{(p-1)\cdot p}{2}$). Se $p = 2$, então $1! \equiv 1 \pmod 1$. Se $p > 2$, então $\frac{p-1}{2}$ é inteiro e assim basta-nos mostrar que $(p-1)! \equiv p-1 \pmod p$ e $(p-1)! \equiv p-1 \pmod{\frac{p-1}{2}}$ pois $\left(p, \frac{p-1}{2}\right) = 1$.

Pelo *Teorema de Wilson*, temos $(p-1)! \equiv -1 \equiv p-1 \pmod p$. Como $\frac{p-1}{2} \mid (p-1)$, então $\frac{p-1}{2} \mid (p-1)! - (p-1)$ e, portanto, $(p-1)! \equiv p-1 \pmod{\frac{p-1}{2}}$ o que conclui a demonstração. □

5. Encontrar o máximo divisor comum de $(p-1)! - 1$ e $p!$ (p primo).

Solução: Suponha que $d = ((p-1)! - 1, p!)$, então $d \mid ((p-1)! - 1)$ e $d \mid p!$. Daí $d \mid p((p-1)! - 1) - p! = -p$ e, portanto, $d = 1$ ou $d = p$. Mas pelo *Teorema de Wilson*, $(p-1)! \equiv -1 \pmod p$. Assim, se $d = p$ teríamos $1 \equiv -1 \pmod p \Rightarrow p = 2$ logo se $p = 2$, $((p-1)! - 1, p!) = 2$. Se $p > 2$, então $1 = d = ((p-1)! - 1, p!)$. □

6. Mostrar que para $n \geq 4$ o resto da divisão por 12 de $1! + 2! + 3! + \cdots + n!$ é 9.

Solução: Se $n \geq 4$, então $n! \equiv 0 \pmod{12}$. Daí $1! + 2! + \cdots + n! \equiv 1! + 2! + 3! \equiv 1 + 2 + 6 \equiv 9 \pmod{12}$. □

7. Mostrar que para n inteiro $3n^2 - 1$ nunca é um quadrado.

Solução: Para solucionar esse problema usaremos o seguinte fato:

$$\text{Se } x \in \mathbb{Z}, \text{ então } x^2 \equiv 0 \pmod 3 \text{ ou } x^2 \equiv 1 \pmod 3.$$

Na verdade, sabemos que dado $x \in \mathbb{Z}$ temos que $x = 3k + j$ com $j \in \{0, 1, 2\}$. Assim, $x^2 = (3k + j)^2 = 3(3k^2 + 2kj) + j^2$. Mas $0^2 \equiv 0 \pmod 3$, $1^2 \equiv 1 \pmod 3$ e $2^2 \equiv 4 \equiv 1 \pmod 3$. Suponha, por absurdo, que $3n^2 - 1 = m^2$. Claramente 3 não divide m (caso contrário 3 dividiria 1). Logo $m^2 \equiv 1 \pmod 3$ e, portanto, $1 \equiv m^2 \equiv 3n^2 - 1 \equiv 0 - 1 \equiv -1 \pmod 3 \Rightarrow 3 \mid 2$ o que é um absurdo. □

8. Resolver as seguintes congruências.

   (a) $5x \equiv 3 \pmod{24}$
   (b) $3x \equiv 1 \pmod{10}$
   (c) $23x \equiv 7 \pmod{19}$
   (d) $7x \equiv 5 \pmod{18}$
   (e) $25x \equiv 15 \pmod{120}$

Solução:

   (a) $x \equiv 5(5x) \equiv 5 \cdot 3 \equiv 15 \pmod{24}$
   (b) $x \equiv 7(3x) \equiv 7 \cdot 1 \equiv 7 \pmod{10}$
   (c) Como $23x \equiv 4x \pmod{19}$, então queremos resolver $4x \equiv 7 \pmod{19}$. Daí $x \equiv 5(4x) \equiv 5 \cdot 7 \equiv 35 \equiv 16 \pmod{19}$.
   (d) $-x \equiv 5(7x) \equiv 5 \cdot 5 \equiv 25 \pmod{18}$ e daí $x \equiv -25 \equiv 11 \pmod{18}$

(e) $5(5x) \equiv 5 \cdot 3 \pmod{120}$, então pelo Teorema 2.3 implica que $5x \equiv 3 \pmod{24}$ e daí $x \equiv 5(5x) \equiv 5 \cdot 3 \equiv 15 \pmod{24}$.

□

9. Mostrar que $5n^3 + 7n^5 \equiv 0 \pmod{12}$ para todo inteiro n.

Solução: Temos que $5n^3 + 7n^5 = n^3(5 + 7n^2)$. Logo basta-nos mostrar que $3 \mid n^3(5 + 7n^2)$ e $4 \mid n^3(5 + 7n^2)$. Para isso usaremos que
(i) se 3 não divide x, então $x^2 \equiv 1 \pmod{3}$;
(ii) se 2 não divide x, então $x^2 \equiv 1 \pmod{4}$.
Note que, se $3 \mid n$, então $3 \mid n^3(5 + 7n^2)$ e se 3 não divide n, então $n^2 \equiv 1 \pmod{3}$. Portanto, $5 + 7n^2 \equiv 5 + 7 \cdot 1 \equiv 12 \equiv 0 \pmod{3}$. Se $2 \mid n$, então $4 \mid n^3$ e, logo, $4 \mid n^3(5 + 7n^2)$. Por outro lado, se 2 não divide n, então $n^2 \equiv 1 \pmod{4}$ e, portanto, $5 + 7n^2 \equiv 5 + 7 \cdot 1 \equiv 12 \equiv 0 \pmod{4}$.
□

10. Seja $f(x) = a_0 + a_1x + \cdots + a_nx^n$ um polinômio com coeficientes inteiros onde $a_n > 0$ e $n \geq 1$. Mostrar que $f(x)$ é composto para infinitos valores da variável x.

Solução: Apresentamos duas soluções para esse problema.
Solução 1. Primeiramente, observamos que como $a_n > 0$, temos

$$\lim_{x \to \infty} f(x) = +\infty$$

o que implica a existência de $k \in \mathbb{Z}$ tal que $f(y) > f(x) > 0$ para todo $y > x > k$. Desta forma, se $f(x)$ não assume nenhum valor primo para $x > k$ então nada temos a provar. Por outro lado, se existir $x_0 > k$ e p primo tal que $f(x_0) = p$, então tome $x_n = x_0 + np$, onde $n \in \mathbb{N}$. Então,

$$f(x_n) = \sum_{j=0}^{n} a_j(x_0 + np)^j = \sum_{j=0}^{n} a_j \sum_{k=0}^{j} \binom{j}{k} {x_0}^k (np)^{j-k}.$$

Nesta soma, observamos que cada termo sendo somado é divisível por p, exceto, possivelmente, quando $k = j$. Portanto, existe $N \in \mathbb{N}$ tal que,

$$f(x_n) = pN + \sum_{j=0}^{n} a_j \binom{j}{j} {x_0}^j (np)^0 = pN + f(x_0).$$

Isto mostra que $p \mid f(x_n)$ para todo $n \in \mathbb{N}$. Como $k < x_0 < x_1 < x_2 < \ldots$ e $p = f(x_0) < f(x_1) < f(x_2) < \ldots$ a sequência crescente $(f(x_n))_{n \in \mathbb{N}}$ contém infinitos múltiplos de p.

Solução 2. Se $f(x)$ é composto, para todo $x \in \mathbb{Z}$, o problema está terminado. Portanto, suponha que existe $x_0 \in \mathbb{Z}$ tal que $f(x_0) = p$ com p primo. Defina o seguinte polinômio na variável t:

$$g(t) = \sum_{k=0}^{n} \sum_{i=0}^{k} a_k \binom{k}{i} {x_0}^{k-i} t^i p^{i-1},$$

onde $f(x) = a_0 + a_1x + \cdots + a_nx^n$. Claramente, existe $t_0 > 0$ tal que $g(t) \notin \{0, -1\}$, para todo $t \geq t_0$ (caso contrário, um dos polinômios $g(t) + 1$ e $g(t)$ teria infinitas raízes). Logo, para todo $t \geq t_0$, temos,

$$f(x_0 + tp) = \sum_{k=0}^{n}\sum_{i=0}^{k} a_k \binom{k}{i} {x_0}^{k-i}(tp)^i = \sum_{k=0}^{n}\left(a_k{x_0}^k + p\sum_{i=1}^{k} a_k\binom{k}{i}{x_0}^{k-i}t^ip^{i-1}\right).$$

Assim,

$$f(x_0 + tp) = f(x_0) + pg(t) = p + pg(t) = p(1 + g(t)).$$

Mas se $t \in \mathbb{Z}$, então

$$f(x_0 + tp) = p(1 + g(t))$$

com p primo e $(1 + g(t)) \notin \{0, 1\}$ pois $t \geq t_0$. Logo $f(x_0 + tp)$ é composto para todo inteiro $t \geq t_0$. □

11. Mostrar que se p_1 e p_2 são primos tais que $p_2 = p_1 + 2$ e $p_1 > 3$ então $p_1 + p_2 \equiv 0 \pmod{12}$.

Solução: Basta-nos mostrar que $4 \mid (p_1 + p_2)$ e $3 \mid (p_1 + p_2)$. Como p_1 é ímpar e $p_2 = p_1 + 2$, então $p_1 + p_2 = 2p_1 + 2 = 2(p_1 + 1)$ que é múltiplo de 4 pois $p_1 + 1$ é par. Para mostrar a divisibilidade por 3 note que $p_1 \equiv 2 \pmod 3$. De fato, caso contrário, $p_1 \equiv 1 \pmod 3$ (pois $p_1 > 3$) e daí $p_2 \equiv p_1 + 2 \equiv 1 + 2 \equiv 0 \pmod 3$ o que não pode acontecer, portanto $p_1 \equiv 2 \pmod 3$ e logo $p_1 + 1 \equiv 0 \pmod 3$. Daí segue que $3 \mid 2(p_1 + 1) = p_1 + p_2$. □

12. Mostrar que para a e b inteiros temos que $3 \mid (a^2 + b^2) \Rightarrow 3 \mid a$ e $3 \mid b$.

Solução: Supondo que $3 \mid (a^2 + b^2)$ então se $3 \mid a$, então $3 \mid b$. Suponha, por absurdo, que 3 não divida a então 3 não divide b e daí $a^2 \equiv b^2 \equiv 1 \pmod 3$. Logo, $2 \equiv 1 + 1 \equiv a^2 + b^2 \equiv 0 \pmod 3$ o que é um absurdo.

□

13. Sejam p_1, p_2 e p_3 primos tais que $p = p_1^2 + p_2^2 + p_3^2$ é primo. Mostrar que algum dos p_i's é igual a 3.

Solução: Note que $p = p_1^2 + p_2^2 + p_3^2 > 3$ e daí, se nenhum p_i é igual a 3, então $p_i^2 \equiv 1 \pmod 3$, para $i \in \{1, 2, 3\}$ e assim, $p \equiv p_1^2 + p_2^2 + p_3^2 \equiv 1 + 1 + 1 \equiv 0 \pmod 3$. O que implica $3 \mid p$ e logo $p = 3$ (pois p é primo). Portanto, pelo menos um dos p_i's é igual a 3. □

14. Mostrar que $3x^2 + 4x^2 \equiv 3 \pmod 5$ é equivalente a $3x^2 - x^2 + 2 \equiv 0 \pmod 5$.

Solução: Basta observar que $4 \equiv -1 \pmod 5$ e que $2 \equiv -3 \pmod 5$. □

15. Mostrar que $p \mid \binom{p^\alpha}{k}$ onde $0 < k < p^\alpha$.

Solução: Note que $\binom{p^\alpha}{k} = \frac{p^\alpha}{k}\binom{p^\alpha - 1}{k-1}$. Se $k \mid p^\alpha$, então $\frac{p^\alpha}{k}$ é um inteiro múltiplo de p (pois $k < p^\alpha$). Daí p divide $\binom{p^\alpha}{k}$. Suponha que k não divida p^α, então $(k, p) = 1$. Logo a identidade anterior implica que $p \mid k\binom{p^\alpha}{k}$, assim $(p, k) = 1$ nos dá $p \mid \binom{p^\alpha}{k}$. □

16. Seja p primo e M um conjunto de p inteiros consecutivos. É possível encontrar M_1 e M_2 subconjuntos de M tais que $M_1 \cup M_2 = M$, $M_1 \cap M_2 = \emptyset$, $M_i \neq \emptyset$ de forma que

$$\prod_{i \in M_1} i = \prod_{j \in M_2} j\ ?$$

Solução: Usaremos o seguinte fato:
Para todo $n \in \mathbb{N}$, somente um dos números $n+1, n+2, \ldots, n+p$ é um múltiplo de p. De fato, caso contrário p dividiria $n+i$ e $n+j$ para $1 \leq i < j \leq p$ e daí, $p \mid ((n+j)-(n+i)) = j-i \leq p-1$, o que é um absurdo. Logo em M existe apenas um múltiplo de p. Se $M_1 \cup M_2 = M$ e $M_1 \cap M_2 = \emptyset$, esse múltiplo de p, digamos tp, estaria em M_1 ou M_2. Sem perda de generalidade, suponha que $tp \in M_1$ e que $M_2 = \{a_1, \ldots, a_s\}$. Daí, se, por absurdo,

$$\prod_{i \in M_1} i = \prod_{j \in M_2} j$$

então $tp \mid \prod_{j \in M_2} j = a_1 a_2 \ldots a_s$. Logo p dividiria um dos a_j's o que não pode acontecer, pois o único múltiplo de p, está em M_1. □

17. Seja $f(x)$ um polinômio com coeficientes inteiros. Mostrar que se $f(-1)$, $f(0)$ e $f(1)$ não são divisíveis por 3, então $f(n) \neq 0$ para todo inteiro n.

Solução: Usaremos o seguinte fato:
Se $f(x) \in \mathbb{Z}[x]$ e $f(\alpha) = 0$, então $f(x) = (x-\alpha)g(x)$ para algum $g(x) \in \mathbb{Z}[x]$.

Suponha que $f(n) = 0$, para algum $n \in \mathbb{Z}$, então existe $g(x) \in \mathbb{Z}[x]$ tal que $f(x) = (x-n)g(x)$ e, portanto, $f(-1) = -(n+1)g(-1)$, $f(0) = -ng(0)$ e $f(1) = -(n-1)g(1)$. Como $g(-1)$, $g(0)$ e $g(1)$ são inteiros e $3 \mid (n-1)(n)(n+1)$, então $3 \mid f(-1)f(0)f(1)$. Portanto, 3 divide um dos números $f(-1)$, $f(0)$ e $f(1)$. Provamos o resultado pela contrapositiva. □

18. Mostrar que $3^{10} \equiv 1 \pmod{11^2}$.

Solução: Observe que $3^{10} - 1 = (3^5-1)(3^5+1) = 242 \cdot 244$, mas $242 = 2 \cdot 121 = 2 \cdot 11^2$. Logo $3^{10} - 1 \equiv 0 \pmod{11^2} \Rightarrow 3^{10} \equiv 1 \pmod{11^2}$. □

19. Resolver os seguintes sistemas:

(a)

$$\begin{cases} x \equiv 1 \pmod{2} & (1) \\ x \equiv 2 \pmod{3} & (2) \\ x \equiv 5 \pmod{7} & (3). \end{cases}$$

(b)

$$\begin{cases} 2x \equiv 1 \pmod{5} & (1) \\ 3x \equiv 2 \pmod{7} & (2) \\ 5x \equiv 7 \pmod{11} & (3). \end{cases}$$

(c)

$$\begin{cases} x \equiv 7 \pmod{11} & (1) \\ 3x \equiv 5 \pmod{13} & (2) \\ 7x \equiv 4 \pmod{5} & (3). \end{cases}$$

Solução:

(a) $x \equiv 1 \pmod 2 \Rightarrow x = 2y + 1$. Substituindo em (2), temos $2y \equiv 1 \pmod 3 \Rightarrow y \equiv 2 \pmod 3$ portanto $y = 3z + 2$ e daí $x = 2(3z + 2) + 1 = 6z + 5$. Substituindo em (3), $6z + 5 \equiv 5 \pmod 7 \Rightarrow 7 \mid z \Rightarrow z = 7t$. Daí $x = 42t + 5 \Rightarrow x \equiv 5 \pmod{42}$ e essa é a família de soluções.

(b) $2x \equiv 1 \pmod 5 \Rightarrow 4x \equiv 2 \pmod 5 \Rightarrow x \equiv 3 \pmod 5 \Rightarrow x = 5y + 3$. Substituindo em (2), $3(5y + 3) \equiv 2 \pmod 7$, ou seja $15y \equiv -7 \pmod 7$ e daí $7 \mid y \Rightarrow y = 7z$. Portanto $x = 5(7z) + 3 = 35z + 3$ e substituindo em (3), ganhamos $5(35z + 3) \equiv 7 \pmod{11} \Rightarrow 175z \equiv -8 \pmod{11}$. Mas $175z \equiv -8 \pmod{11} \Rightarrow z \equiv 8 \pmod{11} \Rightarrow z = 11t + 8$. Logo $x = 35(11t + 8) + 3 = 385t + 283$ ou seja $x \equiv 283 \pmod{385}$.

(c) De (1) temos que $x = 11y + 7$. Substituindo em (2), $3(11y + 7) \equiv 5 \pmod{13} \Rightarrow 33y \equiv -16 \pmod{13} \Rightarrow -6y \equiv -16 \pmod{13}$. Como $(-2, 13) = 1$, então $3y \equiv 8 \pmod{13} \Rightarrow 12y \equiv 32 \equiv -7 \pmod{13}$. Mas $12y \equiv -y \pmod{13}$ e daí $y \equiv 7 \pmod{13} \Rightarrow y = 13z + 7$. Assim, $x = 11(13z + 7) + 7 = 143z + 84$. Substituindo em (3), temos $7(143z + 84) \equiv 4 \pmod 5 \Rightarrow 1001z \equiv -584 \pmod 5 \Rightarrow z \equiv 1 \pmod 5 \Rightarrow z = 5t + 1$. Portanto $x = 143(5t + 1) + 84 = 715t + 227 \Rightarrow x \equiv 227 \pmod{715}$.

□

20. Encontrar todas as soluções de cada uma das seguintes congruências lineares.

(a) $5x \equiv 3 \pmod 7$
(b) $13x \equiv 14 \pmod{29}$
(c) $15x \equiv 9 \pmod{25}$
(d) $37x \equiv 16 \pmod{19}$
(e) $5x \equiv 20 \pmod{15}$

Solução:

(a) $5x \equiv 3 \pmod 7 \Rightarrow 15x \equiv 9 \equiv 2 \pmod 7 \Rightarrow x \equiv 2 \pmod 7$ pois $15x \equiv x \pmod 7$.

(b) $13x \equiv 14 \pmod{29} \Rightarrow 26x \equiv 28 \pmod{29} \Rightarrow -3x \equiv 28 \pmod{29} \Rightarrow 3x \equiv -28 \equiv 1 \pmod{29} \Rightarrow 30x \equiv 10 \pmod{29} \Rightarrow x \equiv 10 \pmod{29}$.

(c) Observe que $(15, 25) = 5$ e 5 não divide 9. Daí $15x \equiv 9 \pmod{25}$ não admite solução.

(d) $37x \equiv 16 \pmod{19} \Rightarrow -x \equiv 16 \pmod{19} \Rightarrow x \equiv -16 \equiv 3 \pmod{19}$.

(e) $5x \equiv 20 \pmod{15} \Rightarrow 5x \equiv 5 \cdot 4 \pmod{5 \cdot 3} \Rightarrow x \equiv 4 \pmod 3 \Rightarrow x \equiv 1 \pmod 3$.

□

21. Mostrar que $a^7 \equiv a \pmod{21}$ para todo inteiro a.

Solução: Pelo Corolário 2.1, temos que

$$a^3 \equiv a \pmod{3} \quad \text{e} \quad a^7 \equiv a \pmod{7}.$$

Mas $a^3 \equiv a \pmod{3}$ implica em $a^7 \equiv a^{2\cdot 3+1} \equiv (a^3)^2 a \equiv a^2 a \equiv a \pmod{3}$. Logo $3 \mid a^7 - a$ e $7 \mid a^7 - a$. Como $(3,7) = 1$, então $21 = 3 \cdot 7 \mid a^7 - a \Rightarrow a^7 \equiv a \pmod{21}$. □

22. Mostrar que para a e b inteiros com $(a,b) = 1$ temos:

$$a^{\phi(b)} + b^{\phi(a)} \equiv 1 \pmod{ab}$$

Solução: Como $(a,b) = 1$, então pelo Teorema (Euler) 2.13, temos que

$$a^{\phi(b)} \equiv 1 \pmod{b} \quad \text{e} \quad b^{\phi(a)} \equiv 1 \pmod{a}$$

mas,

$$b^{\phi(a)} \equiv 0 \pmod{b} \quad \text{e} \quad a^{\phi(b)} \equiv 0 \pmod{a}.$$

Daí

$$a^{\phi(b)} + b^{\phi(a)} \equiv 1 \pmod{b}$$

e,

$$a^{\phi(b)} + b^{\phi(a)} \equiv 1 \pmod{a}.$$

ou seja,
$a \mid a^{\phi(b)} + b^{\phi(a)} - 1$ e $b \mid a^{\phi(b)} + b^{\phi(a)} - 1$. Mas $(a,b) = 1$ portanto

$$ab \mid a^{\phi(b)} + b^{\phi(a)} - 1 \Rightarrow a^{\phi(b)} + b^{\phi(a)} \equiv 1 \pmod{ab}$$

□

23. Provar ou dar contraexemplo: Se a e m são inteiros $(a,m) = 1$, então

$$m \mid (1 + a + a^2 + \cdots + a^{\phi(m)-1}).$$

Solução: Afirmamos que essa divisibilidade é falsa sempre que $a = 1$ e $m > 1$. De fato, nesse caso $m \mid 1 + 1 + 1^2 + 1^3 + \cdots + 1^{\phi(m)-1} = \phi(m)$. Logo $m \mid \phi(m)$ que é um absurdo se $m > 1$, pois $\phi(m) < m$ para $m > 1$. □

24. Mostrar que se p e q são primos, $p \geq q \geq 5$, então $p^2 - q^2 \equiv 0 \pmod{24}$.

Solução: Devemos mostrar que $24 \mid p^2 - q^2$, ou seja, que $3 \mid p^2 - q^2$ e $8 \mid p^2 - q^2$. Como p e q são primos maiores do que 3, então temos 2 casos.

Caso 1. $p \equiv i \pmod{3}$ e $q \equiv j \pmod{3}$ com $i \neq j$ e $i, j \in \{1, 2\}$. Nesse caso, $p+q \equiv i+j \equiv 3 \equiv 0 \pmod{3}$.

Caso 2. $p \equiv q \equiv i \pmod 3$ para algum $i \in \{1,2\}$. Nesse caso, $p - q \equiv i - i \equiv 0 \pmod 3$. Logo, em qualquer caso temos $p^2 - q^2 \equiv (p-q)(p+q) \equiv 0 \pmod 3$.

Para provar que $8 \mid (p-q)(p+q)$, mostraremos primeiro que $4 \mid p - q$ ou $4 \mid p + q$. A prova é análoga a demonstração acima. De fato,

Caso 1. $p \not\equiv q \pmod 4$. Nesse caso, $p + q \equiv 1 + 3 \equiv 0 \pmod 4$, pois $p \equiv i \pmod 4$, com $q \equiv j \pmod 4$, com $i \neq j$ com $i, j \in \{1, 3\}$.

Caso 2. $p \equiv q \pmod 4$. Nesse caso $4 \mid p - q$. Logo 4 divide $p - q$ ou $p + q$. Mas $p - q$ e $p + q$ são pares (subtração e soma de ímpares). Assim em qualquer caso $8 = 4 \cdot 2 \mid (p-q)(p+q) = p^2 - q^2$.
□

25. Encontrar um sistema completo de resíduos módulo 11 formado somente por múltiplos de 6.

Solução: Sabemos que $\{r_1, r_2, r_3, \ldots, r_{11}\} = \{0,1,2,\ldots,10\}$ é um sistema completo de resíduos módulo 11. Usando o Teorema 2.5, basta tomar, $a = 6$ e $b = 0$. Logo $\{0, 6, 12, \ldots, 60\}$ é um sistema completo de resíduos módulo 11. □

26. Encontrar um sistema completo de resíduos módulo 7 onde todos os elementos são números primos.

Solução: Basta encontrar 7 primos incongruentes módulo 7 (dois a dois). Note que os primeiros 6 primos são incongruentes módulo 7: 2, 3, 5, 7, 11 e 13. Mas $17 \equiv 3 \pmod 7$, $19 \equiv 5 \pmod 7$ e $23 \equiv 2 \pmod 7$. No entanto afirmamos que 29 é incongruente a 2, 3, 5, 7, 11 e 13 módulo 7. De fato,

$$\begin{aligned}
29 - 2 &\equiv 27 \equiv 6 && \pmod 7\\
29 - 3 &\equiv 26 \equiv 5 && \pmod 7\\
29 - 5 &\equiv 24 \equiv 3 && \pmod 7\\
29 - 7 &\equiv 22 \equiv 1 && \pmod 7\\
29 - 11 &\equiv 18 \equiv 4 && \pmod 7\\
29 - 13 &\equiv 16 \equiv 2 && \pmod 7.
\end{aligned}$$

Portanto, $\{2, 3, 5, 7, 11, 13, 29\}$ é um sistema completo de resíduos módulo 7 formado só por primos. □

27. Dado um primo p é sempre possível encontrar um sistema completo de resíduos módulo p formado só por primos? Justificar.

Solução: Sim, é sempre possível! Um fato muito importante em Teoria analítica dos números é o *Teorema das Progressões Aritméticas de Dirichlet* que diz que se $(a, b) = 1$, então existem infinitos primos como solução da congruência $x \equiv a \pmod b$. Para encontrar um sistema completo de resíduos módulo p formado só por primos, basta encontrar p primos incongruentes módulo p. Pelo *Teorema de Dirichlet*, existem $q_1, q_2, \ldots, q_{p-1}$ primos soluções de $x \equiv 1 \pmod p, x \equiv 2 \pmod p, \ldots, x \equiv p - 1 \pmod p$, respectivamente. Logo esses primos são incongruentes, dois a dois módulo p e, portanto, $\{p, q_1, \ldots, q_{p-1}\}$ é um sistema completo de resíduos módulo p. □

28. Provar que, para todo número composto $n, n \neq 4$, a congruência $(n-1)! \equiv 0 \pmod n$ é verdadeira.

Solução: Se n é composto então $n = ab$, com $1 < a, b < n$. Dividimos a prova em dois casos:

Caso 1: Se $a \neq b$ podemos supor, sem perda de generalidade, que $a < b$, então $(n-1)! = (n-1)\dots b\dots a\dots 1 \equiv 0 \pmod{n}$.

Caso 2: Se $a = b$, então $(a^2-1)! = (a^2-1)\dots(2a)\dots a\dots 1 \equiv 0 \pmod{n}$, pois $n = a^2$ e se $a > 2$ (pois $n \neq 4$), então $a^2 - 1 > 2a$. □

1.3 Teoria combinatória dos números

Problemas resolvidos do Capítulo 3

1. Quantos estudantes uma turma precisa conter, no mínimo, para que pelo menos dois estudantes tirem notas iguais no exame final, dado que as notas variam de 0 a 10 e apenas uma casa decimal é utilizada quando necessário?

Solução: Existem 101 possíveis notas, a saber,

$$0,\ \underbrace{0.1,\ 0.2,\ \dots 1}_{10\ \text{notas}},\ \underbrace{1.1,\ 1.2,\ \dots 2}_{10\ \text{notas}},\ \dots,\underbrace{9.1,\ 9.2,\ \dots 10}_{10\ \text{notas}}.$$

Logo para dois estudantes ter a mesma nota, precisamos de 102 alunos no mínimo. □

2. Suponha agora que as notas possíveis são conceitos A, B, C, D e F. Qual o número mínimo de estudantes para que pelo menos 5 tenham conceitos iguais?

Solução: Podemos ter 20 alunos divididos em 5 grupos em que cada grupo tem 4 alunos com o mesmo conceito. Logo 21 alunos é suficiente para garantir que pelo menos 5 tenham o mesmo conceito. □

3. Existem 25 milhões de linhas telefônicas em um determinado Estado, identificadas por uma sequência de 10 dígitos da forma $NXX - NXX - XXXX$, onde N é um dígito entre 2 e 9, inclusive, X é um dígito qualquer e os primeiros 3 dígitos constituem o código de DDD. Quantos códigos distintos de DDD o Estado deve admitir para que a cada linha telefônica, corresponda uma sequência de 10 dígitos distinta das demais?

Solução: Sem o DDD, podemos formar $8 \cdot 10 \cdot 10 \cdot 10 \cdot 10 \cdot 10 \cdot 10$, isto é, 8 milhões de linhas telefônicas. Logo, com 4 possíveis DDD's podemos ter 32 milhões de linhas distintas e isso garante a possibilidade de termos 25 milhões de sequências de 10 dígitos distintas das demais. Veja que com apenas 3 isto não seria possível.

□

4. Existem 83 casas em uma rua. As casas são numeradas com números entre 100 e 262, inclusive. Mostre que pelo menos 2 casas têm números consecutivos.

Solução: Observe que para não haver números consecutivos, o conjunto

$$\{100, \dots, 262\}$$

poderia ser particionado em dois subconjuntos, a saber, $\{100, 102, \ldots, 262\}$ com 82 elementos e $\{101, 103, \ldots, 261\}$ com 81 elementos. Logo 82 casas poderiam ser numeradas com números não consecutivos, mas 83 casas terão 82 números pares e 1 ímpar (logo pelo menos 2 pares de números consecutivos) ou 81 números ímpares e dois pares (logo pelo menos 4 pares de números consecutivos). □

5. Quantas pessoas, no mínimo, devemos ter em um grupo para que possamos garantir a existência de pelo menos duas tendo nomes que começam com a mesma letra? (Considere um alfabeto com 26 letras.)

   Solução: Como existem 26 letras no alfabeto, então precisaríamos de 27 pessoas no grupo. □

6. Supondo que os números de RG sejam constituídos de 7 dígitos, quantas pessoas, no mínimo, devemos ter em uma cidade para que se tenha certeza da existência de pelo menos duas com os primeiros dois dígitos (da esquerda) iguais? (Admita que um RG possa ter 0 como dígito inicial.)

   Solução: Existem 10 possibilidades para cada um dos dois primeiros dígitos. Logo, $100 = 10 \cdot 10$ possibilidades para o bloco formado pelos primeiros 2 dígitos. Assim, 101 pessoas garantem a existência desejada. □

7. Uma escola possui 46 classes com uma média de 38 alunos por classe. O que se pode dizer a respeito do número de alunos na maior?

   Solução: Seja C_i o número de estudantes da i-ésima classe com $i \in \{1, \ldots, 46\}$ e $C_1 \leq C_2 \leq \cdots \leq C_{46}$ (sem perda de generalidade).

$$38 = \frac{C_1 + C_2 + \cdots + C_{46}}{46} \leq \frac{C_{46} + C_{46} + \cdots + C_{46}}{46} = C_{46}.$$

   Portanto, a maior sala tem pelo menos 38 alunos. □

8. Um restaurante possui 62 mesas com um total de 314 cadeiras. É possível garantir a existência de pelo menos uma mesa com pelo menos 6 cadeiras?

   Solução: Suponha que cada mesa tem número de cadeiras menor do que 6. Daí existiriam no máximo $5 \cdot 62 = 310$ cadeiras, mas, por hipótese, existem 314. Portanto, pelo menos uma mesa tem mais do que 5 cadeiras. □

9. Dados 12 livros de português, 14 de história, 9 de química e 7 de física, quantos livros devemos retirar (sem olhar) para que estejamos certos de termos retirado 6 de uma mesma disciplina?

   Solução: Podemos retirar 5 livros de português, de história, de química e de física. Logo 20 livros. Assim, ao retirarmos 21 livros garantimos que pelo menos 6 são da mesma disciplina. □

10. Mostrar que em um grupo de apenas 5 pessoas o resultado do Exemplo 3.17 não é necessariamente verdadeiro. (Sugestão: construir uma figura com os 5 pontos ligados por $C_5^2 = 10$ segmentos de reta, onde não exista nenhum triângulo tendo todos os lados da mesma cor.)

Solução: Basta considerar a figura:

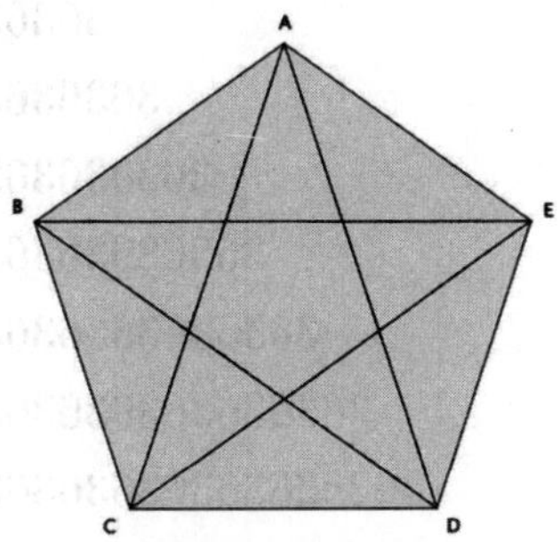

□

11. Encontrar a maior subsequência crescente e a maior subsequência decrescente para cada uma das sequências abaixo:

    (a) $6, 4, 5, 3, 2$;

    (b) $8, 7, 9, 2, 3, 6, 10, 12, 15, 5$;

    (c) $5, 10, 2, 8, 3, 12, 14, 17, 9, 7$;

    verificando se elas estão em concordância com o Teorema 3.3 (As respostas não são únicas.)

    Solução:

    (a) Crescente: $4, 5$
    Decrescente: $6, 4, 3, 2$; $6, 5, 3, 2$.

    (b) Crescente: $2, 3, 6, 10, 12, 15$
    Decrescente: $8, 7, 6, 5$.

    (c) Crescente: $2, 3, 12, 14, 17$; $5, 10, 12, 14, 17$; $5, 8, 12, 14, 17$
    Decrescente: $10, 8, 7$; $12, 9, 7$; $14, 9, 7$; $17, 9, 7$.

□

12. Mostrar que 11 divide infinitos números da forma $363636\ldots36$.

    Solução: Consideremos primeiro os 12 números abaixo,

$$\begin{array}{r} 36 \\ 3636 \\ 363636 \\ 36363636 \\ 3636363636 \\ 363636363636 \\ 36363636363636 \\ 3636363636363636 \\ 363636363636363636 \\ 36363636363636363636 \\ 3636363636363636363636 \\ 363636363636363636363636 \end{array}$$

Como temos mais de 11 números, pelo menos dois deles têm o mesmo resto, quando dividido por 11. Logo a diferença é divisível por 11. Mas esta diferença é da forma $3636\ldots360\ldots0000 = 3636\ldots36 \cdot 10^{2k}$. Como $(11, 10^{2k}) = 1$, então 11 divide $3636\ldots36$. A obtenção de um conjunto infinito pode ser obtida pela repetição do que foi feito, utilizando-se sequências suficientemente grandes para evitar repetições. □

1.4 Funções Aritméticas

Problemas resolvidos do Capítulo 4

1. Avaliar $\tau(n)$, $\sigma(n)$ e $\phi(n)$ para os seguintes valores de n:

   (a) 10
   (b) 35
   (c) 200
   (d) 512
   (e) 10000
   (f) 1234

Solução: Usaremos que se $n = {p_1}^{\alpha_1}{p_2}^{\alpha_2}\ldots{p_k}^{\alpha_k}$, então,

$$\sigma(n) = \prod_{i=1}^{k}\left(\frac{{p_i}^{\alpha_i+1}-1}{p_i-1}\right),$$

$$\phi(n) = {p_1}^{\alpha_1-1}{p_2}^{\alpha_2-1}\ldots{p_k}^{\alpha_k-1}(p_1-1)(p_2-1)\ldots(p_k-1)$$

e

$$\tau(n) = (\alpha_1+1)(\alpha_2+1)\ldots(\alpha_k+1).$$

Então,

(a) Temos que $10 = 2 \cdot 5$, logo, $\sigma(10) = \left(\frac{2^2-1}{2-1}\right) \cdot \left(\frac{5^2-1}{5-1}\right) = 3 \cdot 6 = 18$, $\phi(10) = 2^{1-1} \cdot 5^{1-1} \cdot (2-1) \cdot (5-1) = 4$ e $\tau(10) = (1+1) \cdot (1+1) = 4$.

(b) Temos que $35 = 5 \cdot 7$, logo, $\sigma(35) = \left(\frac{5^2-1}{5-1}\right) \cdot \left(\frac{7^2-1}{7-1}\right) = 6 \cdot 8 = 48$, $\phi(35) = 5^{1-1} \cdot 7^{1-1} \cdot (5-1) \cdot (7-1) = 24$ e $\tau(35) = (1+1) \cdot (1+1) = 4$.

(c) Temos que $200 = 2^3 \cdot 5^2$, logo, $\sigma(200) = \left(\frac{2^4-1}{2-1}\right) \cdot \left(\frac{5^3-1}{5-1}\right) = 15 \cdot 31 = 465$, $\phi(200) = 2^{3-1} \cdot 5^{2-1} \cdot (2-1) \cdot (5-1) = 80$ e $\tau(200) = (3+1) \cdot (2+1) = 12$.

(d) Temos que $512 = 2^9$, logo, $\sigma(512) = \left(\frac{2^{10}-1}{2-1}\right) = 1023$, $\phi(512) = 2^{9-1} \cdot (2-1) = 2^8 = 256$ e $\tau(512) = (9+1) = 10$.

(e) Temos que $10000 = 2^4 \cdot 5^4$, logo, $\sigma(10000) = \left(\frac{2^5-1}{2-1}\right) \cdot \left(\frac{5^5-1}{5-1}\right) = 31 \cdot 781 = 24.211$, $\phi(10000) = 2^{4-1} \cdot 5^{4-1} \cdot (2-1) \cdot (5-1) = 4000$ e $\tau(10000) = (4+1) \cdot (4+1) = 25$.

(f) Temos que $1234 = 2 \cdot 617$, logo, $\sigma(1234) = \left(\frac{2^2-1}{2-1}\right) \cdot \left(\frac{617^2-1}{617-1}\right) = 3 \cdot 618 = 1854$, $\phi(1234) = 2^{1-1} \cdot 617^{1-1} \cdot (2-1) \cdot (617-1) = 616$ e $\tau(1234) = (1+1) \cdot (1+1) = 4$.

□

2. Para quais valores de m, $\phi(m)$ é ímpar?

Solução: $\phi(m)$ é ímpar somente para $m = 1$ e $m = 2$. A solução será apresentada em conjunto com a do Problema 6, que pede para mostrar que $\phi(m)$ é par, para todo $m > 2$. □

3. Para quais valores de m, $\phi(m)$ divide m?

Solução: Dividiremos nossa análise em 2 casos:

Seja $m = p_1^{\alpha_1} p_2^{\alpha_2} \ldots p_k^{\alpha_k}$ com $p_1 < p_2 < \cdots < p_k$.

(*i*) Caso 1. Se $k = 1$. Nesse caso $\phi(p_1^{\alpha_1}) = p_1^{\alpha_1 - 1}(p_1 - 1)$ e logo, $\frac{m}{\phi(m)} = \frac{p_1^{\alpha_1}}{p_1^{\alpha_1-1}(p_1-1)} = = \frac{p_1}{p_1-1} \in \mathbb{Z}$ se, e somente se, $p_1 = 2$. Logo, $m = 2^a$ tem a propriedade desejada para todo $a \geq 0$.

(*ii*) Caso 2. Se $k \geq 2$, então $p_1 = k = 2$.

De fato, como

$$\phi(m) = m\left(1 - \frac{1}{p_1}\right) \ldots \left(1 - \frac{1}{p_k}\right),$$

então,

$$\frac{m}{\phi(m)} = \frac{p_1 p_2 \ldots p_k}{(p_1-1)(p_2-1)\ldots(p_k-1)} \in \mathbb{Z}.$$

Logo se $p_1 > 2$ então $p_1 - 1$ é par e divide $p_1 p_2 \ldots p_k$ que é ímpar. Logo $p_1 = 2$ e, portanto, $\phi(m) \mid m$ se, e somente se,

$$\frac{2p_2 \ldots p_k}{(p_2-1)\ldots(p_k-1)}$$

é inteiro.

Se $k > 2$, então $(p_2 - 1)(p_3 - 1) \equiv 0 \pmod 4$ e logo $2p_2 \ldots p_k \equiv 0 \pmod 4$ o que é absurdo, desde que $p_2 \ldots p_k$ é ímpar. Daí, $k = 2$ e assim $m = 2^{\alpha_1} p_2^{\alpha_2}$. Mas $\phi(m) \mid m$ implica $p_2 - 1 \mid 2p_2$.

Como $(p_2 - 1, p_2) = 1$, então $p_2 - 1 \mid 2 \Rightarrow p_2 - 1 = 1$ ou $p_2 - 1 = 2$. Como p_2 é ímpar, então $p_2 - 1 = 2 \Rightarrow p_2 = 3$. Logo, m da forma $2^a 3^b$ tem a propriedade desejada, para todos $a, b \geq 0$. □

4. Mostrar que se m e n são inteiros positivos tais que $m \mid n$, então $\phi(m) \mid \phi(n)$.

Solução: Seja $m = p_1{}^{\alpha_1} p_2{}^{\alpha_2} \ldots p_s{}^{\alpha_s}$. Como, por hipótese, $m \mid n$ devemos ter que

$$n = p_1{}^{\beta_1} p_2{}^{\beta_2} \ldots p_s{}^{\beta_s} q_1{}^{\gamma_1} q_2{}^{\gamma_2} \ldots q_r{}^{\gamma_r}$$

com $\beta_i \geq \alpha_i$. Como

$$\phi(n) = n\left(1 - \frac{1}{p_1}\right)\ldots\left(1 - \frac{1}{p_s}\right)\left(1 - \frac{1}{q_1}\right)\ldots\left(1 - \frac{1}{q_r}\right)$$

temos que

$$\phi(n) = p_1{}^{\beta_1} \ldots p_s{}^{\beta_s} q_1{}^{\gamma_1} \ldots q_r{}^{\gamma_r}\left(1 - \frac{1}{p_1}\right)\ldots\left(1 - \frac{1}{p_s}\right)\left(1 - \frac{1}{q_1}\right)\ldots\left(1 - \frac{1}{q_r}\right) =$$

$$q_1{}^{\gamma_1} \ldots q_r{}^{\gamma_r} p_1{}^{\beta_1 - \alpha_1} \ldots p_s{}^{\beta_s - \alpha_s} \underbrace{p_1{}^{\alpha_1} \ldots p_s{}^{\alpha_s}\left(1 - \frac{1}{p_1}\right)\ldots\left(1 - \frac{1}{p_s}\right)}_{\phi(m)}\left(1 - \frac{1}{q_1}\right)\ldots\left(1 - \frac{1}{q_r}\right) =$$

$$= q_1{}^{\gamma_1} \ldots q_r{}^{\gamma_r} p_1{}^{\beta_1 - \alpha_1} \ldots p_s{}^{\beta_s - \alpha_s} \phi(m)\left(1 - \frac{1}{q_1}\right)\ldots\left(1 - \frac{1}{q_r}\right)$$

e isso conclui a demonstração, pois

$$q_1{}^{\gamma_1} \ldots q_r{}^{\gamma_r}\left(1 - \frac{1}{q_1}\right)\ldots\left(1 - \frac{1}{q_r}\right) \in \mathbb{Z}.$$

□

5. Refazer a demonstração do Teorema 4.3 para $m = 5$ e $n = 9$.

Solução: Considere a lista,

1	6	11	16	21	26	31	36	41
2	7	12	17	22	27	32	37	42
3	8	13	18	23	28	33	38	43
4	9	14	19	24	29	34	39	44
5	10	15	20	25	30	35	40	45

Note que se $(5 \cdot 9, j5 + r) = 1$, com $0 \leq j \leq 8$ e $1 \leq r \leq 4$ então $(5, j5 + r) = 1$ e $(9, j5 + r) = 1$. Daí $(5, r) = (9, j5 + r) = 1 \Rightarrow r = 1, 2, 3, 4$. Para essas linhas, $(5, r) = 1$, então

$$r,\ 5 + r,\ 2 \cdot 5 + r,\ \ldots, 8 \cdot 5 + r$$

forma um sistema completo de resíduos módulo 9. Então em cada linha temos $\phi(9) = \phi(3^2) = 3 \cdot (3 - 1) = 6$ primos entre si com 9. Ou seja,

Logo, $\phi(5 \cdot 9) = \phi(45) = 24 = 4 \cdot 6 = \phi(5)\phi(9)$. □

1	11	16	26	31	41
2	7	17	22	32	37
8	13	23	28	38	43
4	14	19	29	34	44

6. Mostrar que $\phi(m)$ é par se $m > 2$.

Solução: Para esse problema apresentaremos duas soluções.

(i) Solução 1. Como, para $m = {p_1}^{\alpha_1}{p_2}^{\alpha_2}\dots{p_k}^{\alpha_k}$ com $p_1 < p_2 < \cdots < p_k$ temos,

$$\phi(m) = {p_1}^{\alpha_1-1}{p_2}^{\alpha_2-1}\dots{p_k}^{\alpha_k-1}(p_1-1)(p_2-1)\dots(p_k-1),$$

então se $k \geq 2$ teremos que $p_2 - 1$ é par e logo $\phi(m)$ é par. Quando $k = 1$, $m = {p_1}^{\alpha_1}$ temos,

$$\phi(m) = {p_1}^{\alpha_1-1}(p_1-1).$$

Se $p_1 > 2$, então $p_1 - 1$ é par e o resultado segue. Para $p_1 = 2$ temos

$$\phi(m) = 2^{\alpha_1-1}$$

que é par sempre que $\alpha_1 - 1 \geq 1$, ou seja para todo $m > 2$.

(ii) Solução 2. Essa solução é mais de interpretação da função ϕ. Sua definição é

$$\phi(n) = \#\{k \in \{1,\dots,n\} \mid (k,n) = 1\}.$$

Note que se $n > 1$, $(n,n) > 1$. Daí, para $n > 1$, $\phi(n)$ pode ser definida como

$$\phi(n) = \#\{k \in \{1,\dots,n-1\} \mid (k,n) = 1\}.$$

Caso 1. Quando n é ímpar, então podemos particionar

$$\{1,\dots,n-1\} = \left\{1,\dots,\frac{n-1}{2}\right\} \cup \left\{\frac{n+1}{2},\dots,\ 1n\right\} = A \cup B.$$

Como $(k,n) = (n-k,n)$ para todo $1 \leq k \leq n-1$, então sempre que $x \in A$ é tal que $(x,n) = 1$, então $(n-x,n) = 1$ e $n - x \in B$. Logo os números relativamente primos com n aparecem em pares e, portanto, $\#\{k \in \{1,\dots,n-1\} \mid (k,n) = 1\}$ é par.

Caso 2. Se n é par e maior do que 2 a prova é a mesma do caso 1, observando que a partição agora é

$$\{1,\dots,n-1\} = \left\{1,\dots,\frac{n}{2}-1\right\} \cup \left\{\frac{n}{2}\right\} \cup \left\{\frac{n}{2}+1,\dots,n-1\right\}.$$

e $\left(n,\frac{n}{2}\right) = \frac{n}{2} > 1$, se $n > 2$. □

7. Mostrar que existem infinitos inteiros m para os quais $\phi(m)$ é um quadrado perfeito.

Solução: Basta tomar $m = 2^{2k+1}$ para todo $k \geq 0$. De fato, nesse caso

$$\phi(m) = \phi(2^{2k+1}) = 2^{2k} = (2^k)^2$$

□

8. Mostrar que se f é multiplicativa, então $f(1) = 1$.

   Solução: Temos que $f(1) = f(1 \cdot 1) = f(1)f(1) = f(1)^2$. Logo, $f(1) \in \{0,1\}$. Se $f(1) = 0$, então para todo $n \in \mathbb{N}$ temos
$$f(n) = f(1 \cdot n) = f(1)f(n) = 0$$
   e f seria nula contradizendo a Definição 4.3. Portanto, $f(1) = 1$. □

9. Mostrar que para qualquer inteiro positivo n
$$\prod_{i=0}^{3} \mu(n+i) = 0.$$

   Solução: Para todo $n \in \mathbb{N}$, 4 divide um dos números $n,\ n+1,\ n+2,\ n+3$. Em particular $\mu(n+j) = 0$, para algum $j \in \{0,1,2,3\}$. Daí,
$$\prod_{i=0}^{3} \mu(n+i) = \mu(n)\mu(n+1)\mu(n+2)\mu(n+3) = 0.$$
   □

10. Mostrar que um inteiro p é um primo se, e somente se, $\sigma(p) = p + 1$.

    Solução: Se p é primo, seus únicos divisores positivos são 1 e p. Daí $\sigma(p) = p+1$. Por outro lado, supondo p composto, isto é $p = ab$, com $1 < a, b < p$ temos que 1, a e p são divisores distintos de p e, portanto, $\sigma(p) \geq 1 + a + p \neq 1 + p$. Logo $\sigma(p) \neq p + 1$. □

11. Mostramos que as funções $\tau(n)$ e $\sigma(n)$ são multiplicativas. Mostrar que nenhuma delas é completamente multiplicativa.

    Solução: Tome $a = 2^2$ e $b = 2$. Então, $\tau(ab) = \tau(2^3) = 4$. Por outro lado, $\tau(a)\tau(b) = \tau(2^2)\tau(2) = (2+1)\cdot(1+1) = 6$. Tome agora $a = 6$ e $b = 3$. Então $\sigma(ab) = \sigma(2 \cdot 3^2) = \left(\frac{2^2-1}{2-1}\right)\cdot\left(\frac{3^3-1}{3-1}\right) = 3 \cdot 13 = 39$. Por outro lado, $\sigma(a)\sigma(b) = \sigma(6)\sigma(3) = \sigma(2)\sigma(3)^2 = (2+1)\cdot(3+1)^2 = 3 \cdot 16 = 48$. □

12. Mostrar que para um inteiro fixo r, a função $h(n) = n^r$ é completamente multiplicativa.

    Solução: Dado $r \in \mathbb{Z}$, temos
$$h(mn) = (mn)^r = m^r n^r = h(m)h(n)$$
    para todos $m,n \in \mathbb{N}$. □

13. Mostrar que as funções $F(n) = f(n)g(n)$ e $G(n) = \frac{f(n)}{g(n)}$ são multiplicativas sendo $f(n)$ e $g(n)$ multiplicativas com $g(n) \neq 0$.

    Solução: Se $(m, n) = 1$, então
$$G(mn) = \frac{f(mn)}{g(mn)} = \frac{f(m)f(n)}{g(m)g(n)} = \frac{f(m)}{g(m)}\frac{f(n)}{g(n)} = G(m)G(n).$$

Também,

$$F(mn) = f(mn)g(mn) = (f(m)f(n))(g(m)g(n)).$$

Logo

$$F(mn) = (f(m)g(m))(f(n)g(n)) = F(m)F(n).$$

□

14. Mostrar, através de um exemplo, que a função $F(n) = \sum_{d|n} f(d)$ nem sempre é completamente multiplicativa caso $f(d)$ seja.

Solução: Basta tomar $f(n) = n$ que é completamente multiplicativa (vide Problema 12 com $r = 1$), mas

$$F(n) = \sum_{d|n} f(d) = \sum_{d|n} d = \sigma(n)$$

não é completamente multiplicativa (vide Problema 11). □

15. Mostrar que para qualquer inteiro positivo $n > 1$ existem infinitos inteiros m tais que $\tau(m) = n$.

Solução: Dado $n \in \mathbb{N}$, a imagem de p^{n-1} pela função τ é n para todo primo p. De fato,

$$\tau(p^{n-1}) = ((n-1)+1) = n.$$

A infinitude é devido a existência de infinitos primos. □

16. Encontre o menor inteiro positivo m para o qual $\sigma(m) = 6$.

Solução: Como 5 é primo, então $\sigma(5) = 5 + 1 = 6$ e $\sigma(1) = 1$, $\sigma(2) = 3$, $\sigma(3) = 4$ e $\sigma(4) = 7$. Daí $n = 5$ é o menor inteiro positivo tal que $\sigma(n) = 6$. □

17. Encontre o menor inteiro positivo m para o qual $\phi(m) = 6$.

Solução: Como 7 é primo, então $\phi(7) = 7 - 1 = 6$ e $\phi(1) = \phi(2) = 1$, $\phi(3) = \phi(4) = \phi(6) = 2$ e $\phi(5) = 4$. Logo 7 é o número procurado. □

18. Mostrar que $\prod_{d|n} d = n^{\frac{\tau(n)}{2}}$.

Solução: Usaremos o seguinte fato,

$$\{d : d \mid n\} = \left\{\frac{n}{d} : d \mid n\right\} \Rightarrow \prod_{d|n} d = \prod_{d|n} \frac{n}{d}.$$

Logo,

$$\left(\prod_{d|n} d\right)^2 = \left(\prod_{d|n} d\right)\left(\prod_{d|n} d\right) = \left(\prod_{d|n} d\right)\left(\prod_{d|n} \frac{n}{d}\right) =$$

$$= \left(\prod_{d|n} d \cdot \frac{n}{d}\right) = \prod_{d|n} n = n^{\tau(n)}.$$

Daí $\prod_{d|n} d = n^{\frac{\tau(n)}{2}}$. □

19. Mostrar que se f é multiplicativa, $m \mid n$ e $(m, \frac{n}{m}) = 1$, então $f(\frac{n}{m}) = \frac{f(n)}{f(m)}$.

Solução: Como f é multiplicativa e $(m, \frac{n}{m}) = 1$, então

$$f(n) = f\left(m\frac{n}{m}\right) = f(m)f\left(\frac{n}{m}\right) \Rightarrow \frac{f(n)}{f(m)} = f\left(\frac{n}{m}\right).$$

□

20. Seja $h(n)$ o número de fatores primos distintos de n. Por exemplo, $h(15) = h(21) = 2$ e $h(30) = 3$. Seja $q(n) = a^{h(n)}$ onde a está fixado. Mostrar que $q(n)$ é multiplicativa mas não é completamente multiplicativa.

Solução: Afirmamos que se $(m, n) = 1$, então

$$h(mn) = h(m) + h(n)$$

De fato, se $(m, n) = 1$, então, $m = p_1{}^{\alpha_1} p_2{}^{\alpha_2} \cdots p_k{}^{\alpha_k}$ e $n = r_1{}^{\beta_1} r_2{}^{\beta_2} \cdots r_s{}^{\beta_s}$, onde os p_i's e r_i's são primos distintos. Daí,

$$h(mn) = k + s = h(m) + h(n).$$

Portanto, se $(m, n) = 1$, então

$$q(mn) = a^{h(mn)} = a^{h(m)+h(n)} = a^{h(m)}a^{h(n)} = q(m)q(n).$$

Na verdade, $q(n)$ é completamente multiplicativa somente quando $a = 1$. De fato, se $a \neq 1$ (e zero), então para $m = 6$ e $n = 15$

$$q(6 \cdot 15) = a^{h(6 \cdot 15)} = a^{h(2 \cdot 3^2 \cdot 5)} = a^3.$$

Por outro lado,

$$q(6)q(15) = a^{h(6)}a^{h(15)} = a^2a^2 = a^4.$$

Logo $q(6 \cdot 15) \neq q(6)q(15)$, se $a \neq 1$ (e zero). □

21. Mostrar que existem infinitos inteiros m para os quais $10 \mid \phi(m)$. (Sugestão: $\phi(11) = 10$).

Solução: Como $\phi(11) = 10$, então se p é primo diferente de 11, temos $(11, p) = 1$ e daí

$$\phi(11p) = \phi(11)\phi(p) = 10(p-1) \text{ e } \phi(11^2) = 11 \cdot 10.$$

Daí $10 \mid \phi(11p)$, para todo primo p. □

22. Mostrar que se n é um inteiro, então

$$\phi(2n) = \begin{cases} \phi(n), & \text{se } n \text{ é ímpar} \\ 2\phi(n), & \text{se } n \text{ é par} \end{cases}$$

Solução: Se n é ímpar, então $(n, 2) = 1$. Daí,

$$\phi(2n) = \phi(2)\phi(n) = 1\phi(n) = \phi(n).$$

Se n é par, então $n = 2^k m$ com m ímpar e $k \geq 1$. Daí,

$$\phi(2n) = \phi(2 \cdot 2^k m) = \phi(2^{k+1}m) = \phi(2^{k+1})\phi(m) = 2^k\phi(m) =$$
$$= 2(2^{k-1}\phi(m)) = 2(\phi(2^k)\phi(m)) = 2\phi(2^k m) = 2\phi(n).$$

□

23. Mostrar que todo inteiro positivo pode ser escrito como soma de números de Fibonacci distintos e não consecutivos.

Solução: Esse resultado é conhecido como *Teorema de Zeckendörff*. A prova será feita por indução.
Caso base: $n = 1 = F_1$ que é a soma trivial.
Hipótese de indução: $n = F_{m_1} + F_{m_2} + \cdots + F_{m_k}$, com $m_{i+1} - m_i \geq 2$, para $i \in \{1, \ldots, k-1\}$.

Daí,

$$n + 1 = 1 + F_{m_1} + F_{m_2} + \cdots + F_{m_k}.$$

Se $m_1 \geq 3$, o resultado está provado pois $1 = F_1$ e logo $n + 1 = 1 + F_{m_1} + F_{m_2} + \cdots + F_{m_k}$ e $m_1 - 1 \geq 2$.

Se $m_1 = 2$ (o caso $m_1 - 1$ é análogo e na verdade podemos supor, sem perda de generalidade que $m_1 = 2$, pois $F_1 = F_2 = 1$), então, $n + 1 = \underbrace{F_1 + F_2}_{F_3} + F_{m_2} + \cdots + F_{m_k}$ e daí $n + 1 = F_3 + F_{m_2} + \cdots + F_{m_k}$. Novamente, se $m_2 \geq 5$ o resultado está provado. Se $m_2 = 4$, então $n + 1 = \underbrace{F_3 + F_4}_{F_5} + F_{m_3} + \cdots + F_{m_k}$ e logo $n + 1 = F_5 + F_{m_3} + \cdots + F_{m_k}$.

Note que esse processo continua até termos somente um número de Fibonacci ou a soma de números de Fibonacci com índices não consecutivos. □

1.5 Resíduos Quadráticos

Problemas resolvidos do Capítulo 5

1. Calcular $\left(\frac{48}{97}\right)$, $\left(\frac{235}{991}\right)$ e $\left(\frac{138}{883}\right)$.

Solução: (*i*) Como $48 \equiv 2^4 \cdot 3 \pmod 3$ e $97 \equiv 1 \pmod 3$ então,

$$\left(\frac{48}{97}\right) = \left(\frac{2^4 \cdot 3}{97}\right) = \left(\frac{2^4}{97}\right)\left(\frac{3}{97}\right) = \left(\frac{3}{97}\right) =$$

$$= (-1)^{\left(\frac{3-1}{2}\right)\left(\frac{97-1}{2}\right)} \left(\frac{97}{3}\right) = (-1)^{48} \cdot \left(\frac{1}{3}\right) = 1$$

onde usamos a lei da reciprocidade quadrática.

(*ii*) Como $235 = 5 \cdot 47$, então

$$\left(\frac{235}{991}\right) = \left(\frac{5 \cdot 47}{991}\right) = \left(\frac{5}{991}\right)\left(\frac{47}{991}\right) =$$

$$= (-1)^{\left(\frac{5-1}{2}\right)\left(\frac{991-1}{2}\right)} \left(\frac{991}{5}\right) (-1)^{\left(\frac{47-1}{2}\right)\left(\frac{991-1}{2}\right)} \left(\frac{991}{47}\right) =$$

$$= -\left(\frac{991}{5}\right)\left(\frac{991}{47}\right) = -\left(\frac{1}{5}\right)\left(\frac{4}{47}\right) = -\left(\frac{1^2}{5}\right)\left(\frac{2^2}{47}\right) = -1.$$

(*iii*) Como $138 = 2 \cdot 3 \cdot 23$, então:

$$\left(\frac{138}{883}\right) = \left(\frac{2}{883}\right)\left(\frac{3}{883}\right)\left(\frac{23}{883}\right).$$

Mas, $\left(\frac{2}{883}\right) = -1$, já que $883 \equiv 3 \pmod 8$ (veja Teorema 5.10).

$$\left(\frac{3}{883}\right) = (-1)^{\left(\frac{3-1}{2}\right)\left(\frac{883-1}{2}\right)} \left(\frac{883}{3}\right) = -\left(\frac{1}{3}\right) = -1$$

já que $883 \equiv 1 \pmod 3$.

$$\left(\frac{23}{883}\right) = (-1)^{\left(\frac{23-1}{2}\right)\left(\frac{883-1}{2}\right)} \left(\frac{883}{23}\right) = -\left(\frac{9}{23}\right) = \left(\frac{-3^2}{23}\right) = 1$$

(corolário 5.2). □

2. Encontrar os resíduos quadráticos e não quadráticos de 19 e 23.

Solução: (*i*) $p = 19$. Basta olhar os restos da divisão de x^2 por 19 quando $x \in \{1, \ldots, 18\}$. Ou seja,

$$\begin{aligned}
1^2 &\equiv 1 \pmod{19}\\
2^2 &\equiv 4 \pmod{19}\\
3^2 &\equiv 9 \pmod{19}\\
4^2 &\equiv 16 \pmod{19}\\
5^2 &\equiv 6 \pmod{19}\\
6^2 &\equiv 17 \pmod{19}\\
7^2 &\equiv 11 \pmod{19}\\
8^2 &\equiv 7 \pmod{19}\\
9^2 &\equiv 5 \pmod{19}.
\end{aligned}$$

Pelo Teorema 5.5, basta encontrarmos os primeiros $9 = \frac{19-1}{2}$ resíduos quadráticos módulo 19 que são: $\{1, 4, 5, 6, 7, 9, 11, 16, 17\}$.

(*ii*) $p = 23$. De modo análogo ao caso $p = 19$, temos que

$$\{1, 2, 3, 4, 6, 8, 9, 12, 13, 16, 18\}$$

são os $11 = \frac{23-1}{2}$ resíduos quadráticos módulo 23. □

3. Mostrar que não existe n tal que $7 \mid (4n^2 - 3)$.

Solução: Suponha que $7 \mid 4n^2 - 3$, então $7 \mid [(4n^2 - 3) + 7] = 4(n^2 + 1)$. Como $(7, 4) = 1$, então $7 \mid n^2 + 1$, ou seja, -1 é resíduo quadrático módulo 7. Por outro lado, o Teorema 5.9 implica em,

$$\left(\frac{-1}{7}\right) = (-1)^{\left(\frac{7-1}{2}\right)} = (-1)^3 = -1.$$

Esse absurdo confirma o resultado. □

4. Mostrar que se p e q são primos ímpares com $p = q + 4a$, então

(a) $\left(\frac{p}{q}\right) = \left(\frac{a}{q}\right)$

(b) $\left(\frac{a}{p}\right) = \left(\frac{a}{q}\right)$

Solução: Suponha que $p = q + 4a$, com p e q primos.

(a) Como $p = q + 4a \equiv 4a \pmod q$ e $\left(\frac{4}{q}\right) = \left(\frac{2^2}{q}\right) = 1$, então,

$$\left(\frac{p}{q}\right) = \left(\frac{q+4a}{q}\right) = \left(\frac{4a}{q}\right) = \left(\frac{4}{q}\right)\left(\frac{a}{q}\right) = 1 \cdot \left(\frac{a}{q}\right) = \left(\frac{a}{q}\right).$$

(b) Pelo item (a) e a lei da reciprocidade quadrática temos,

$$\left(\frac{a}{q}\right) = \left(\frac{p}{q}\right) = (-1)^{\left(\frac{p-1}{2}\right)\left(\frac{q-1}{2}\right)}\left(\frac{q}{p}\right) = (-1)^{\left(\frac{p-1}{2}\right)\left(\frac{q-1}{2}\right)}\left(\frac{p-4a}{p}\right).$$

Como $p - 4a \equiv -4a \pmod p$, $\left(\frac{-1}{p}\right) = (-1)^{\left(\frac{p-1}{2}\right)}$ e $\left(\frac{4}{p}\right) = 1$, então:

$$\left(\frac{a}{q}\right) = (-1)^{\left(\frac{p-1}{2}\right)\left(\frac{q-1}{2}\right)}\left(\frac{-4a}{q}\right) = (-1)^{\left(\frac{p-1}{2}\right)\left(\frac{q-1}{2}\right)}\left(\frac{-1}{p}\right)\left(\frac{4}{p}\right)\left(\frac{a}{p}\right) =$$

$$= (-1)^{\left(\frac{p-1}{2}\right)\left(\frac{q+1}{2}\right)}\left(\frac{a}{p}\right).$$

Note que $p \equiv q \pmod{4a}$, então $p - 1 \equiv (q + 1) - 2 \pmod{4a}$ e daí $\frac{p-1}{2} \equiv \frac{q+1}{2} - 1 \pmod{2a}$. Ou seja, $\frac{p-1}{2}$ e $\frac{q+1}{2}$ tem paridades diferentes. Em particular, $\left(\frac{p-1}{2}\right)\left(\frac{q+1}{2}\right)$ é par e daí $(-1)^{\left(\frac{p-1}{2}\right)\left(\frac{q+1}{2}\right)} = 1$. Portanto,

$$\left(\frac{a}{q}\right) = \left(\frac{a}{p}\right).$$

□

5. Usando o Teorema 5.12 mostrar que se p é um primo ímpar, então

$$\left(\frac{3}{p}\right) = \begin{cases} 1, & \text{se } p \equiv \pm 1 \pmod{12} \\ -1, & \text{se } p \equiv \pm 5 \pmod{12} \end{cases}$$

Solução: O Teorema 5.12 garante que $\left(\frac{3}{p}\right) = (-1)^{\left(\frac{p-1}{2}\right)}\left(\frac{p}{3}\right)$.
Se $p \equiv 1 \pmod{12}$, então $\frac{p-1}{2}$ é par, $p \equiv 1 \pmod 3$ e daí

$$\left(\frac{3}{p}\right) = \left(\frac{1}{3}\right) = 1.$$

Se $p \equiv -1 \pmod{12}$, então,

$$\left(\frac{3}{p}\right) = (-1)^{\left(\frac{p-1}{2}\right)}\left(\frac{p}{3}\right) = (-1)^{\left(\frac{p-1}{2}\right)}\left(\frac{-1}{3}\right) = (-1)^{\left(\frac{p-1}{2}\right)}(-1)^{\left(\frac{3-1}{2}\right)} = (-1)^{(p+1)/2} = 1,$$

pois $(p+1)/2 \equiv 0 \pmod 6$.
Se $p \equiv 5 \pmod{12}$, então, $p \equiv 2 \pmod 3$ e daí

$$\left(\frac{3}{p}\right) = (-1)^{\left(\frac{p-1}{2}\right)}\left(\frac{2}{3}\right) = (-1)^{\left(\frac{p-1}{2}\right)}(-1) = (-1)^{\left(\frac{p+1}{2}\right)}$$

pois $\left(\frac{2}{3}\right) = -1$. Mas $\frac{p+1}{2} \equiv 3 \pmod 6$ e daí $\frac{p+1}{2}$ é ímpar. Assim, $\left(\frac{3}{p}\right) = -1$.

Se $p \equiv -5 \pmod{12}$, então, $p \equiv 1 \pmod 3$ e daí

$$\left(\frac{3}{p}\right) = (-1)^{\left(\frac{p-1}{2}\right)}\left(\frac{1}{3}\right) = (-1)^{\left(\frac{p-1}{2}\right)}.$$

Mas $\frac{p-1}{2} \equiv -3 \pmod 6$, implicando $\frac{p-1}{2}$ ímpar. Ou seja $\left(\frac{3}{p}\right) = -1$.
Resumindo,

$$\left(\frac{3}{p}\right) = \begin{cases} 1, \text{ se } p \equiv \pm 1 \pmod{12} \\ -1, \text{ se } p \equiv \pm 5 \pmod{12} \end{cases}$$

□

6. Fornecer uma congruência descrevendo todos os primos para os quais 5 é um resíduo quadrático.

Solução: Queremos que $\left(\frac{5}{p}\right) = 1$. Pela lei da reciprocidade quadrática, $\left(\frac{5}{p}\right) = \left(\frac{p}{5}\right)$. Ou seja, queremos os primos p que são resíduos quadráticos módulo 5. Sabemos que existem $\frac{5-1}{2} = 2$ classes congruentes módulo 5. Como,

Se $p \equiv 1 \pmod 5$, então $\left(\frac{5}{p}\right) = \left(\frac{p}{5}\right) = \left(\frac{1}{5}\right) = 1$.
Se $p \equiv -1 \pmod 5$, então $\left(\frac{5}{p}\right) = \left(\frac{p}{5}\right) = \left(\frac{-1}{5}\right) = (-1)^{\left(\frac{5-1}{2}\right)} = 1$.
Daí, temos que $p \equiv \pm 1 \pmod 5$. □

7. Mostrar que 17 é um resíduo quadrático módulo 19 utilizando o Lema de Gauss.

Solução: O Lema de Gauss nos diz que se $\{t_1, t_2, \ldots, t_{\frac{p-1}{2}}\}$ são os restos de $\{a, 2a, \ldots, \frac{p-1}{2}a\}$ módulo p, então $\left(\frac{a}{p}\right) = (-1)^r$ onde $r = \#\{j \in \{1, \ldots, \frac{p-1}{2}\} \mid t_j > \frac{p}{2}\}$.

Seja $a = 17$ e $p = 19$, então $\frac{p}{2} = 9{,}5$ e $\frac{p-1}{2} = 9$. Assim,

$$\{a, 2a, \ldots, \frac{p-1}{2}a\} = \{17, 34, 51, 68, 85, 102, 119, 136, 153\}$$

e logo,

$$\{t_1, t_2, \ldots, t_9\} = \{17, 15, 13, 11, 9, 7, 5, 3, 1\},$$

portanto $r = 4$. Daí $\left(\frac{17}{19}\right) = (-1)^r = (-1)^4 = 1$. □

8. Dizer se a congruência $3x^2 \equiv 12 \pmod{13}$ possui, ou não, solução.

Solução: Se $3x^2 \equiv 12 \pmod{13}$ então $3x^2 \equiv 3 \cdot 2^2 \pmod{13}$. Como $(3, 13) = 1$, então $x^2 \equiv 2^2 \pmod{13}$ e $x = 2$, por exemplo, é solução dessa congruência. □

9. Avaliar $\left[\frac{327}{635}\right]$, $\left[\frac{429}{563}\right]$ e $\left[\frac{181}{991}\right]$.

Solução: (i) Temos que

$$\left[\frac{327}{635}\right] = \left(\frac{327}{5}\right)\left(\frac{327}{127}\right) = \left(\frac{2}{5}\right)\left(\frac{73}{127}\right) = (-1)^{\left(\frac{5^2-1}{8}\right)}(-1)^{\left(\frac{73-1}{2}\right)\left(\frac{127-1}{2}\right)}\left(\frac{127}{73}\right) =$$

$$= -\left(\frac{127}{73}\right) = -\left(\frac{54}{73}\right) = -\left(\frac{2\cdot 3^3}{73}\right) = -\left(\frac{2}{73}\right)\left(\frac{3}{73}\right) =$$

$$= -(-1)^{\left(\frac{73^2-1}{8}\right)}(-1)^{\left(\frac{73-1}{2}\right)\left(\frac{3-1}{2}\right)}\left(\frac{73}{3}\right) = -\left(\frac{73}{3}\right) = -\left(\frac{1}{3}\right) = -1.$$

(ii) Como 563 é primo, temos:

$$\left[\frac{429}{563}\right] = \left(\frac{429}{563}\right) = \left(\frac{-134}{563}\right) = (-1)^{\left(\frac{563-1}{2}\right)}\left(\frac{134}{563}\right) = -\left(\frac{2\cdot 67}{563}\right) = -\left(\frac{2}{563}\right)\left(\frac{67}{563}\right) =$$

$$= -(-1)^{\left(\frac{563-1}{8}\right)}(-1)^{\left(\frac{67-1}{2}\right)\left(\frac{563-1}{2}\right)}\left(\frac{563}{67}\right) = -\left(\frac{563}{67}\right) = -\left(\frac{27}{67}\right) =$$

$$= -\left(\frac{3^3}{67}\right) = -\left(\frac{3}{67}\right) = -(-1)^{\left(\frac{3-1}{2}\right)\left(\frac{67-1}{2}\right)}\left(\frac{67}{3}\right) = \left(\frac{1}{3}\right) = 1.$$

(iii) Como 181 e 991 são primos, então:

$$\left[\frac{181}{991}\right] = \left(\frac{181}{991}\right) = (-1)^{\left(\frac{181-1}{2}\right)\left(\frac{991-1}{2}\right)}\left(\frac{991}{181}\right) = \left(\frac{991}{181}\right) = \left(\frac{86}{181}\right) = \left(\frac{2\cdot 43}{181}\right) =$$

$$= \left(\frac{2}{181}\right)\left(\frac{43}{181}\right) = (-1)^{\left(\frac{181^2-1}{8}\right)}(-1)^{\left(\frac{43-1}{2}\right)\left(\frac{181-1}{2}\right)}\left(\frac{181}{43}\right) = -\left(\frac{181}{43}\right) =$$

$$= -\left(\frac{9}{43}\right) = -\left(\frac{3^2}{43}\right) = -1.$$

□

10. Sendo p e q primos ímpares distintos com $p \equiv q \equiv 3 \pmod 4$ mostrar que p é um resíduo quadrático módulo q se, e somente se, q não é resíduo quadrático módulo p.

Solução: Pela Lei da reciprocidade quadrática de Gauss,

$$\left(\frac{p}{q}\right) = (-1)^{\left(\frac{p-1}{2}\right)\left(\frac{q-1}{2}\right)}\left(\frac{q}{p}\right).$$

Como $p \equiv q \equiv 3 \pmod 4$, então $\frac{p-1}{2}$ e $\frac{q-1}{2}$ são ímpares e logo $\left(\frac{p}{q}\right) = -\left(\frac{q}{p}\right)$. Daí p é resíduo quadrático módulo q (isto é $\left(\frac{p}{q}\right) = 1$) se, e somente se, $\left(\frac{q}{p}\right) = -1$, ou seja, q não é resíduo quadrático módulo p. □

1.6 Raízes Primitivas

Problemas resolvidos do Capítulo 6

1. Encontrar uma raiz primitiva módulo

   (a) 5

   (b) 6

   (c) 10

   (d) 11

   (e) 18

   (f) 19

Solução:

(a) Temos que $\phi(5) = 4$ e $D^+(4) = \{1,2,4\}$. Daí 2 é raiz primitiva módulo 5, pois $2^1 \equiv 2 \pmod 5$, $2^2 \equiv 4 \pmod 5$ e $2^{\phi(5)} \equiv 1 \pmod 5$.

(b) Temos $\phi(6) = 2$, logo 5 é raiz primitiva módulo 6, pois $5^1 \equiv 5 \pmod 6$ e $5^{\phi(6)} \equiv 1 \pmod 6$.

(c) Temos $\phi(10) = 4$, logo 3 é raiz primitiva módulo 10, pois $3^1 \equiv 3 \pmod{10}$, $3^2 \equiv 9 \pmod{10}$ e $3^{\phi(10)} \equiv 1 \pmod{10}$.

(d) Temos $\phi(11) = 10$ e $D^+(10) = \{1,2,5,10\}$. Assim, 2 é raiz primitiva módulo 11, pois $2^1 \equiv 2 \pmod{11}$, $2^2 \equiv 4 \pmod{11}$, $2^5 \equiv 10 \pmod{11}$ e $2^{\phi(11)} \equiv 1 \pmod{11}$.

(e) Como $\phi(18) = 6$ e $D^+(6) = \{1,2,3,6\}$, então 5 é raiz primitiva módulo 18, pois $5^1 \equiv 5 \pmod{18}$, $5^2 \equiv 7 \pmod{18}$, $5^3 \equiv 17 \pmod{18}$ e $5^{\phi(18)} \equiv 1 \pmod{18}$.

(f) Observe que $\phi(19) = 18$ e $D^+(18) = \{1,2,3,6,9,18\}$. Também $2^1 \equiv 2 \pmod{19}$, $2^2 \equiv 4 \pmod{19}$, $2^3 \equiv 8 \pmod{19}$, $2^6 \equiv 7 \pmod{19}$, $2^9 \equiv 18 \pmod{19}$ e $2^{\phi(19)} \equiv 1 \pmod{19}$. Logo 2 é raiz primitiva módulo 19.

□

2. Encontrar o número de raízes primitivas dos seguintes primos (a) 5, (b) 17, (c) 11, (d) 23, (e) 13 e (f) 31.

Solução: Pelo Teorema 6.5, basta calcular $\phi(\phi(p))$, para $p \in \{5, 11, 13, 17, 23, 31\}$. Portanto, $\phi(\phi(5)) = 2$, $\phi(\phi(11)) = 4$, $\phi(\phi(13)) = 4$, $\phi(\phi(17)) = 8$, $\phi(\phi(23)) = 10$ e $\phi(\phi(31)) = 8$. □

3. Mostrar que se m é um inteiro positivo e a um inteiro, $(a, m) = 1$, tal que $ord_m a = m - 1$, então m é primo.

Solução: Temos que $ord_m a \mid \phi(m)$ (pelo Corolário 6.1), daí $m - 1 \mid \phi(m)$, mas para $m > 1$, $\phi(m) \leq m - 1$. Portanto, $\phi(m) = m - 1$ vale se, e somente se, m é primo. □

4. Mostrar que os divisores primos ímpares de um inteiro $n^2 + 1$ são da forma $4k + 1$.

Solução: Suponha que $p \mid n^2 + 1$ e $p \equiv 3 \pmod 4$. Então $n^2 \equiv -1 \pmod p$. Mas $(n, p) = 1$ e logo pelo *Pequeno teorema de Fermat*, $n^{p-1} \equiv 1 \pmod p$. Portanto, $1 \equiv n^{p-1} \equiv (n^2)^{\frac{p-1}{2}} \equiv (-1)^{\frac{p-1}{2}} \equiv -1 \pmod p$, o que é um absurdo. Aqui usamos que $\frac{p-1}{2}$ é ímpar, já que $p \equiv 3 \pmod 4$. □

5. Sendo $p > 2$, primo, e $a > 1$ um inteiro, mostrar que os divisores primos ímpares de $a^p + 1$ são divisores de $a + 1$ ou são da forma $2np + 1$.

Solução: Seja q primo tal que $q \mid (a^p + 1)$ e $a \not\equiv -1 \pmod q$, então $a^p \equiv -1 \pmod q$ o que implica $a^{2p} \equiv 1 \pmod q$. Como $a^{q-1} \equiv 1 \pmod q$, então $a^{(2p, q-1)} \equiv 1 \pmod q$, mas $(2p, q - 1) \in \{1, 2, p, 2p\}$.

Se $a \equiv 1 \pmod q$, então $-1 \equiv a^p \equiv 1 \pmod q$, absurdo.

Se $a^2 \equiv 1 \pmod q$, escreva $p = 2t + 1$, então $-1 \equiv a^p \equiv a^{2t+1} \equiv a \pmod q$ implicando $q \mid a + 1$, absurdo. Claramente $a^p \not\equiv 1 \pmod q$. Daí $(2p, q - 1) = 2p$ ou seja, $2p \mid q - 1 \Rightarrow q - 1 = 2np \Rightarrow q = 2np + 1$. □

6. Mostrar que se a é uma raiz primitiva módulo p (primo) com $p \equiv 1 \pmod 4$ então $-a$ também é raiz primitiva.

Solução: Suponha que existe $n < p - 1$, tal que $(-a)^n \equiv 1 \pmod p$. Então $a^{2n} \equiv 1 \pmod p$. Como $ord_p a = p - 1$, então pelo Teorema 6.1, $p - 1 \mid 2n$ e assim $\frac{p-1}{2} \mid n$ e como $\frac{p-1}{2}$ é par (pois $p \equiv 1 \pmod 4$), então n é par. De $(-a)^n \equiv 1 \pmod p$ obtemos $a^n \equiv (-1)^n \equiv 1 \pmod p$ (pois n é par) absurdo pois $ord_p a = p - 1 > n$.

□

7. Mostrar que se a é um resíduo quadrático módulo p primo ímpar, então a não é raiz primitiva módulo p.

Solução: Se a é resíduo quadrático módulo p, então p não divide a. Seja $x_0 \in \mathbb{Z}$, tal que ${x_0}^2 \equiv a$

(mod p). Portanto, p não divide x_0 e daí, pelo *Pequeno Teorema de Fermat*, ${x_0}^{p-1} \equiv 1 \pmod p$. Assim, $1 \equiv {x_0}^{p-1} \equiv ({x_0}^2)^{\frac{p-1}{2}} \equiv a^{\frac{p-1}{2}} \pmod p$. Daí $ord_p a \le \frac{p-1}{2} < p - 1 = \phi(p)$ e então a não é raiz primitiva módulo p. □

1.7 Representação de inteiros como soma de quadrados

Problemas resolvidos do Capítulo 7

1. Dizer quais dentre os primos 11, 17, 19, 23, 29 e 31 possuem representação como soma de dois quadrados e fornecer a representação.

   Solução: Para encontrar os que são soma de dois quadrados, vamos procurar pelo resto da divisão por 4. Ou seja,

   $11 \equiv 3 \pmod 4$, $17 \equiv 1 \pmod 4$, $19 \equiv 3 \pmod 4$, $23 \equiv 3 \pmod 4$, $29 \equiv 1 \pmod 4$ e $31 \equiv 3 \pmod 4$. Logo, somente 17 e 19 são soma de dois quadrados e nesses casos $17 = 1^2 + 4^2$ e $29 = 2^2 + 5^2$. □

2. Resolver, em inteiros, as seguintes equações, $x^2 + y^2 = 146$ e $x^2 + y^2 = 625$.

   Solução: (*i*) Como $146 = 2 \cdot 73$ e $73 \equiv 1 \pmod 4$, então essa equação diofantina tem solução. Para resolvê-la, vamos supor x e y positivos, pois se (x, y) é solução então $(\pm x, \pm y)$ também o é. Note que a equação é simétrica, logo podemos supor $x \le y$. Daí,

   $$y^2 \le x^2 + y^2 = 146 \Rightarrow 1 \le y \le \sqrt{146} < \sqrt{169} = 13$$

   e

   $$2x^2 \le x^2 + y^2 = 146 \Rightarrow 1 \le x \le \sqrt{72} < \sqrt{81} = 9.$$

   Logo, uma conta simples, mostra que a única solução no domínio acima é $(x, y) = (5, 11)$. Portanto, todas as soluções são:

   $$(x,y) \in \{(5,11), (11,5), (-5,11), (11,-5), (5,-11), (-11,5), (-5,-11), (-11,-5)\}.$$

   (*ii*) Usando o mesmo argumento do caso anterior, obtemos os limitantes.

   $$0 \le x \le 17 \quad 1 \le y \le 25$$

   Logo $(x,y) \in \{(7,24), (15,20), (0,25)\}$. Daí todas as soluções são da forma:

   $$(7e_1, 24e_2), (15e_3, 20e_4) \text{ e } (0, 25e_5)$$

   onde $e_i \in \{\pm 1\}$ para todo i. Também os pares com ordem trocada são soluções.

   □

3. Dizer se existe um triângulo retângulo isósceles de lados inteiros.

   Solução: Suponha que existe, veja figura abaixo,

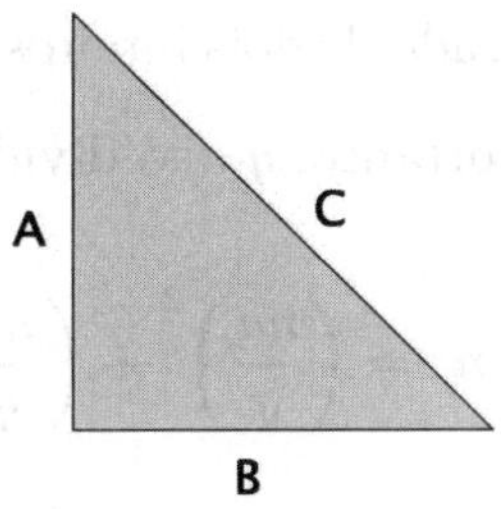

tal que $A = B$. Pelo *Teorema de Pitágoras* $C^2 = B^2 + B^2 = 2B^2 \Rightarrow \frac{C}{B} = \sqrt{2}$. Absurdo pois $\sqrt{2}$ é irracional.

Obs: Note que a mesma prova acima implica na não existência de um triângulo retângulo isósceles com lados racionais. □

4. Mostrar que se o primo p é tal que $p \equiv 3 \pmod 4$, então a equação $p^2 = a^2 + b^2$ possui solução inteira.

Solução: Basta tomar $a = p$ e $b = 0$. □

5. Mostrar que, no problema anterior, $a = 0$ ou $b = 0$.

Solução: Se $p^2 = a^2 + b^2$, então $p \mid a^2 + b^2 \Rightarrow a^2 \equiv -b^2 \pmod p$. Afirmamos que $p \mid a$ e $p \mid b$. De fato, caso contrário, o *Pequeno teorema de Fermat* implica $a^{p-1} \equiv b^{p-1} \equiv 1 \pmod p$ e nesse caso

$$1 \equiv (a^2)^{\frac{p-1}{2}} \equiv (-b^2)^{\frac{p-1}{2}} \equiv (-1)^{\frac{p-1}{2}} b^{p-1} \equiv (-1)^{\frac{p-1}{2}} \equiv -1 \pmod p$$

o que é absurdo, pois p não divide 2. Usamos que $\frac{p-1}{2}$ é ímpar, já que, $p \equiv 3 \pmod 4$. Daí, supondo sem perda de generalidade que, $a \leq b$, então $a = pt_1$ e $b = pt_2$. Assim, $p^2 = a^2 + b^2 \Rightarrow p^2 = p^2t_1^2 + p^2t_2^2 \Rightarrow 1 = t_1^2 + t_2^2$ e como $t_1 \leq t_2$ temos $t_1 = 0$ e $t_2 = 1$ o que implica que $a = 0$ e $b = p$. □

6. Encontrar um inteiro n e racionais, não inteiros, r e s tais que $n = r^2 + s^2$.

Solução: No Problema 2, vimos que $25^2 = 7^2 + 24^2$. Logo,

$$1 = \left(\frac{7}{25}\right)^2 + \left(\frac{24}{25}\right)^2.$$

□

7. Mostrar que todo quadrado perfeito pode ser representado como soma dos quadrados de racionais, não inteiros, r e s.

Solução: Dado $n \in \mathbb{N}$, seja q um primo tal que q não divida n e $q \equiv 1 \pmod 4$. Então existem, pelo Teorema 7.4, a,$b > 0$ tais que $q^2 = a^2 + b^2$, com $a < b$ e logo

$$1 = \left(\frac{a}{q}\right)^2 + \left(\frac{b}{q}\right)^2. \tag{1.1}$$

Se $q \mid a$, então $q \mid b$ e a soma do quadrado de dois inteiros positivos resultando em 1, então $\left(\frac{a}{q}\right) = 0$ e $\left(\frac{b}{q}\right) = 1$. Contradizendo $a \neq 0$. Portanto, q não divide a e q não divide b. Multiplicando (1.1) por n^2, obtemos

$$n^2 = \left(\frac{na}{q}\right)^2 + \left(\frac{nb}{q}\right)^2.$$

Como q não divide na e q não divide nb então $\frac{na}{q}$, $\frac{nb}{q} \in \mathbb{Q} \setminus \mathbb{Z}$. □

1.8 Frações Contínuas

Problemas resolvidos do Capítulo 8

1. Encontrar o número racional representado sob a forma de fração contínua em cada item abaixo:

   (a) [3,1]
   (b) [1,1,1]
   (c) [0,6,5]
   (d) [1,2,3,4]
   (e) [2,2,2]
   (f) [3,6,1,7]
   (g) [3,7,15,1]
   (h) [2,3,2,1,2]

   Solução: Nesta questão basta-nos fazer algumas contas rotineiras envolvendo racionais. Usamos que $a + \frac{b}{c} = \frac{ac+b}{c}$ e $\frac{a}{\frac{b}{c}} = \frac{ac}{b}$. Então,

   (a) 4
   (b) $\frac{3}{2}$
   (c) $\frac{5}{31}$
   (d) $\frac{43}{30}$
   (e) $\frac{12}{5}$
   (f) $\frac{173}{55}$
   (g) $\frac{355}{113}$
   (h) $\frac{62}{27}$

   □

2. A representação sob a forma de fração contínua simples infinita (não periódica) do número e é dada por:

$$e = [2,1,2,1,1,4,1,1,6,1,1,8,\dots]$$

   Encontrar os primeiros 6 convergentes desta fração contínua.

Solução: Se $\theta = [a_1,a_2,\dots]$ então o n-ésimo convergente é

$$\frac{p_n}{q_n} = [a_1,a_2,\dots,a_n] = a_1 + \cfrac{1}{a_2 + \cfrac{1}{a_3 + \cfrac{1}{a_4 + \cfrac{1}{\ddots \frac{1}{a_n}}}}}.$$

Logo, quando $\theta = e$, algumas contas nos dão, $\frac{p_1}{q_1} = 2$, $\frac{p_2}{q_2} = 2 + \frac{1}{1} = 3$, $\frac{p_3}{q_3} = 2 + \frac{1}{1+\frac{1}{2}} = \frac{8}{3}$, $\frac{p_4}{q_4} = 2 + \frac{1}{1+\frac{1}{2+\frac{1}{1}}} = \frac{11}{4}$, $\frac{p_5}{q_5} = 2 + \frac{1}{1+\frac{1}{2+\frac{1}{1+\frac{1}{1}}}} = \frac{19}{7}$ e $\frac{p_6}{q_6} = 2 + \frac{1}{1+\frac{1}{2+\frac{1}{1+\frac{1}{1+\frac{1}{4}}}}} = \frac{87}{32}$.

A título de curiosidade $\frac{p_{19}}{q_{19}} = \frac{14665106}{5394991}$. □

3. Encontrar o irracional representado pela fração contínua $[1,1,1,1,\dots]$.

Solução: Se $\theta = [1,1,1,1,\dots]$, então $\theta = 1 + \frac{1}{1+\frac{1}{1+\frac{1}{1+\dots}}} = 1 + \frac{1}{[1,1,1,1,\dots]} = 1 + \frac{1}{\theta}$. Logo $\theta^2 - \theta - 1 = 0$ e, portanto, $\theta = \frac{1-\sqrt{5}}{2}$ ou $\theta = \frac{1+\sqrt{5}}{2}$. Mas $1 \neq \left\lfloor \frac{1-\sqrt{5}}{2} \right\rfloor$, assim $\theta = \frac{1+\sqrt{5}}{2}$. □

4. Expressar os seguintes racionais sob a forma de fração contínua

(a) $\frac{11}{7}$

(b) $\frac{-51}{23}$

(c) $\frac{114}{235}$

(d) $\frac{34}{21}$

Solução: Usando divisões sucessivas:

(a) $\frac{11}{7} = [1,1,1,3]$

(b) $\frac{-51}{23} = [-3,1,3,1,1,2]$

(c) $\frac{114}{235} = [0,2,16,3,2]$

(d) $\frac{34}{21} = [1,1,1,1,1,1,2]$.

Observe que no item (*b*) aparece um número negativo no numerador. Nesse caso, $\frac{-51}{23} = [a_1,\dots]$, onde $a_1 = \left\lfloor \frac{-51}{23} \right\rfloor - 1 = -3$. Daí $\frac{-51}{23} = -3 + \frac{18}{23} = -3 + \frac{1}{\frac{23}{18}}$ e usando divisões sucessivas para $\frac{23}{18}$, obtemos $\frac{23}{18} = [1,3,1,1,2]$. □

5. Mostrar que, se $\frac{p_n}{q_n} = [a_1,a_2,\dots,a_n]$ então $\frac{q_n}{q_{n-1}} = [a_n,a_{n-1},\dots,a_3,a_2]$.

Solução: Faremos por indução sobre n. Para $n = 2$, temos $[a_2] = a_2 = \frac{a_2}{1} = \frac{q_2}{q_1}$. Assuma que $\frac{q_k}{q_{k-1}} = [a_k,a_{k-1},\dots,a_2]$ onde $1 \leq k < n$. Então,

$$[a_{k+1},a_k,a_{k-1},\dots,a_2] = a_{k+1} + \frac{1}{[a_k,a_{k-1},\dots,a_2]} =$$

$$= a_{k+1} + \frac{1}{\frac{q_k}{q_{k-1}}} = \frac{a_{k+1}q_k + q_{k-1}}{q_k} = \frac{q_{k+1}}{q_k}$$

pelo Teorema 8.2. Portanto, o resultado é verdadeiro por indução. □

6. Suponha que $r > s > 0$, $(r,s) = 1$ e que $\frac{r}{s} = [a_1,a_2,\ldots,a_n]$. Mostrar que se $p_n \mid (q_n^2 + (-1)^n)$ então $a_i = a_{n-i}$ para $1 \leq i < n$, isto é, $[a_1, a_2, \ldots, a_n]$ é simétrica.

Solução: Devemos mostrar que $[a_1, \ldots, a_n] = [a_n, \ldots, a_1]$. Como, pelo exercício resolvido 3 do livro, $\frac{p_n}{p_{n-1}} = [a_n, \ldots, a_1]$ (a prova desse fato é análoga à prova do Problema 5), então basta-nos mostrar que $\frac{p_n}{p_{n-1}} = \frac{r}{s}$. Mas $(r,s) = 1$ e $(p_n, p_{n-1}) = 1$ (pois $(p_n, p_{n-1}) \mid p_n q_{n-1} - q_n p_{n-1} = (-1)^n$, veja Teorema 8.3). Assim é suficiente provar que $p_n = r$ e $p_{n-1} = s$.

Note que $\frac{p_n}{q_n} = \frac{r}{s}$ e daí $r = p_n$ e $s = q_n$. Observe que por hipótese, $q_n^2 + (-1)^n = p_n k$, para algum $k \in \mathbb{Z}$. Logo pelo Teorema 8.3, temos $p_n q_{n-1} - q_n p_{n-1} = p_n k - q_n^2$ e daí $p_n(q_{n-1} - k) = q_n(p_{n-1} - q_n)$. Como $(p_n, q_n) = 1$ então $p_n \mid p_{n-1} - q_n$. Assim ou $p_n \leq p_{n-1} - q_n$ ou $p_{n-1} = q_n$. Mas o primeiro caso não pode acontecer, pois $p_n \leq p_{n-1} - q_n < p_{n-1} < p_n$. Onde usamos que (q_n) é uma sequência positiva e (p_n) é crescente. Logo $p_{n-1} = q_n = s$ e o resultado está provado. □

1.9 Partições

Problemas resolvidos do Capítulo 9

1. Encontrar a função geradora ordinária para cada uma das sequências abaixo:

   (a) $(1,1,1,0,0,0,\ldots)$;
   (b) $(1,0,0,2,3,0,0,0,\ldots)$;
   (c) $(1,1,1,3,1,1,\ldots)$;
   (d) $(0,0,1,1,1,\ldots)$;
   (e) $(0,1,0,1,0,1,\ldots)$;
   (f) $(0,4,0,4,0,4,\ldots)$;
   (g) $(1,-1,1,-1,1,-1,\ldots)$;
   (h) $(1,-1,\frac{1}{2!},\frac{-1}{3!},\frac{1}{4!},\frac{-1}{5!},\ldots)$;
   (i) $(a_k) = \left(\frac{2^k}{k!}\right)$;

Solução:

   (a) $f(x) = 1 + x + x^2$;
   (b) $f(x) = 1 + 2x^3 + 3x^4$;
   (c) $f(x) = 2x^3 + \frac{1}{1-x}$;
   (d) $f(x) = \frac{x^2}{1-x}$;
   (e) $f(x) = \frac{x}{1-x^2}$;
   (f) $f(x) = \frac{4x}{1-x^2}$;

(g) $f(x) = \frac{1}{1+x}$;
(h) $f(x) = e^{-x}$;
(i) $f(x) = e^{2x}$;

□

2. Encontrar a sequência gerada por cada função geradora ordinária dada abaixo:

(a) $(x+1)^4$;
(b) $x + e^x$;
(c) $x^2(1-3x)^{-1}$;
(d) $1 + (1-x^2)^{-1}$;
(e) $e^{2x} + x + x^2$;
(f) $x^2 e^x$;

Solução:

(a) $(1,4,6,4,1,0,0,0,\dots)$;
(b) $(1,2,\frac{1}{2!},\frac{1}{3!},\frac{1}{4!},\dots)$;
(c) $(0,0,1,3,3^2,3^3,3^4,\dots)$;
(d) $(2,0,1,0,1,0,1,0,1,\dots)$;
(e) $(1,3,3,\frac{2^3}{3!},\frac{2^4}{4!},\frac{2^5}{5!},\dots)$;
(f) $(0,0,1,1,\frac{1}{2!},\frac{1}{3!},\frac{1}{4!},\frac{1}{5!},\dots)$;

□

3. Quantas soluções possui a equação $x_1 + x_2 + x_3 + \cdots + x_n = r$ se cada variável é igual a 0 ou a 1?

Solução:

$$\binom{n}{r}$$

□

4. Encontrar as funções geradoras ordinárias que permitem o cálculo do número de maneiras de se distribuir 11 laranjas e 6 peras para 3 crianças de modo que cada criança receba pelo menos 3 laranjas e no máximo 2 peras.

Solução: Coeficiente de x^6 em $(1+x+x^2)^3$ vezes o coeficiente de x^{11} em $\left(\frac{x^3}{1-x}\right)^3$. □

5. Encontrar as funções geradoras ordinárias que permita a obtenção de resposta à seguinte pergunta: de quantas maneiras podemos distribuir 300 cadeiras idênticas em 4 salas de modo que o número de cadeiras em cada sala seja 20 ou 40 ou 60 ou 80 ou 100?

Solução: Coeficiente de x^{300} em $\left(x^{20} + x^{40} + x^{60} + x^{80} + x^{100}\right)^4$ □

6. Encontrar a função geradora ordinária para o número de partições de n em que todas as partes são ímpares e nenhuma supera 7.

Solução:

$$\prod_{i=1}^{4}\left(\frac{1}{1-x^{2i-1}}\right)$$

□

7. Dar uma interpretação, em termos de partições, para:

   (a) O coeficiente de x^{12} na expansão

   $$(1+x^2+x^4+x^6+x^8+x^{10}+x^{12})(1+x^4+x^8+x^{12})(1+x^6+x^{12})(1+x^8)(1+x^{10})(1+x^{12}).$$

   (b) O coeficiente de x^{15} na expansão de

   $$(1+x^3+x^6+x^9+x^{12}+x^{15})(1+x^6+x^{12})(1+x^9).$$

Solução:

(a) O número de partições de 12 em partes pares.

(b) O número de partições de 15 em partes iguais a 3,6 ou 9.

□

8. Calcular os coeficientes dos itens (a) e (b) do exercício anterior.

Solução:

(a) 11;

(b) 5.

□

9. Escrever a função geradora que pode ser usada para se encontrar:

   (a) O número de partições de 34 com partes restritas a 6, 8,10 e 20.

   (b) O número de partições de 13 com partes maiores do que 3.

   (c) O número de partições de 11 em partes ímpares distintas.

Solução:

(a) $(1+x^6+x^{12}+x^{18}+x^{24})(1+x^8+x^{16}+x^{24})(1+x^{10}+x^{20})(1+x^{20})$

(b) $\prod_{i=4}^{13}\frac{1}{1-x^i}$

(c) $(1+x)(1+x^3)(1+x^5)(1+x^7)(1+x^9)(1+x^{11})$

□

10. Mostrar que para todo m par ≥ 6 o número de partições de n em partes ímpares é maior que o número de partições de n em partes pares.

Solução: Considere o conjunto de todas as partições do par n ($n \geq 6$), em partes pares. Substitua cada parte par k por $(k-1)+1$. Feito isto, obtemos uma partição de n em partes ímpares. Por esta operação a partição $(n-3)+3$, que é uma partição de n em partes ímpares, não aparece. Isto conclui a prova. Vejamos esta operação aplicada às partições de 8 em partes pares.

$$
\begin{aligned}
&8 \to 7+1 \\
&6+2 \to 5+1+1+1 \\
&4+4 \to 3+1+3+1 \\
&4+2+2 \to 3+1+1+1+1+1 \\
&2+2+2+2 \to 1+1+1+1+1+1+1+1
\end{aligned}
$$

□

Capítulo 2

Problemas suplementares

2.1 Divisibilidade

Problemas suplementares referentes ao Capítulo 1

1. Se p e q são primos tais que $p+q^2$ divide p^2+q, prove que $p+q^2$ divide $pq-1$.

2. Prove que $2^n > 1+n\sqrt{2^{n-1}}$, para todo $n \geq 2$.

3. Encontre o último algarismo de $1^2+2^2+\cdots+99^2$.

4. Encontre 1000 números naturais tais que sua soma é igual ao seu produto.

5. Prove que se 6 divide $a+b+c$, então 6 também divide $a^3+b^3+c^3$.

6. Para algum n, o número $n!$ pode ter exatamente cinco zeros como seus últimos dígitos?

7. Prove que n^5-5n^3+4n é divisível por 120, para todo $n \geq 1$.

8. Prove que uma potência de 2 não pode terminar com quatro algarismos iguais.

9. Existe um primo p tal que $16p+1$ é cubo de algum inteiro positivo. Encontre p.

10. Encontre todos os inteiros positivos a,b tais que $\frac{a^4+a^3+1}{a^2b^2+ab^2+1}$ é inteiro.

11. Prove que, para todo $n \geq 1$, o número n^5+n^4+1 é composto.

12. Prove que o número

$$\underbrace{11\cdots1}_{1997}\underbrace{22\cdots2}_{1998}5$$

é quadrado perfeito.

13. Seja $(d_n)_n$ uma sequência satisfazendo $d_n = d_{n-1}+d_{n-2}$, para $n \geq 3$. Se $d_7 = 83$, calcule $d_1+\cdots+d_{10}$.

14. Encontre todos os $n \in \mathbb{N}$ tais que existem $a,b \in \mathbb{Z}$ com

$$n^2 = a+b \text{ e } n^3 = a^2+b^2.$$

15. Seja $k \in \mathbb{Z}$ e $a = 3k^2 + 3k + 1$. Mostre que $2a$ e a^2 são a soma de três quadrados perfeitos.

16. Mostrar que a seguinte identidade se verifica para todo inteiro positivo n:
$$\sum_{j=1}^{n}(-1)^j j^2 = (-1)^n \sum_{j=1}^{n} j.$$

17. Seja Q um número real tal que $Q \geq -1$. Mostrar, por indução, que para cada inteiro $n \geq 0$ temos que:
$$(1+Q)^n \geq 1 + nQ.$$

18. Mostrar que todo inteiro $n > 7$ pode ser escrito como uma soma contendo somente os números 3 e 5. Por exemplo $8 = 3 + 5$; $9 = 3 + 3 + 3$; $10 = 5 + 5$.

19. Mostrar que
$$\frac{10^n + 3 \cdot 4^{n+2} + 5}{9}$$
é um inteiro para todo inteiro positivo n.

20. Mostrar que
$$39 \mid (7^{37} + 13^{37} + 19^{37}).$$

21. Se 37 divide $\overline{abc} + \overline{def}$, prove que 37 também divide $\overline{abcdef}$.

22. Mostrar que, em qualquer base, o número 10101 é composto.

23. Qual é o menor inteiro positivo divisível por 2 e 3 o qual é um quadrado perfeito e, também, uma sexta potência? Mais geralmente, qual é o menor inteiro positivo divisível por 2 e 3 o qual é uma n-ésima e uma m-ésima potência onde $n,m \geq 2$?

24. Encontrar dois inteiros positivos para os quais a diferença entre seus mínimo múltiplo comum e máximo divisor comum é 143.

25. Mostrar que existem infinitos pares de inteiros (x, y) satisfazendo,
$$x + y = 40 \text{ e } \quad (x, y) = 5.$$

26. Mostrar que não existem inteiros tais que,
$$m + n = 101 \text{ e } \quad (m, n) = 3.$$

27. Usando o Princípio da Boa Ordem mostrar que $\sqrt{5}$ é irracional.

28. É fácil verificar,
$$\begin{aligned} 1^2 &= 1 \\ -1^2 - 2^2 - 3^2 + 4^2 &= 2 \\ -1^2 + 2^2 &= 3 \\ -1^2 - 2^2 + 3^2 &= 4 \\ 1^2 + 2^2 &= 5 \\ 1^2 - 2^2 + 3^2 &= 6. \end{aligned}$$

Desta forma pode-se conjecturar que todo inteiro positivo n pode ser escrito como,

$$n = e_1 1^2 + e_2 2^2 + e_3 3^2 + \cdots + e_k k^2, \quad \text{com} \quad e_i \in \{-1,1\},$$

onde k é um inteiro positivo que depende de n. Provar que de fato isto vale sempre.

29. Mostrar que para todo inteiro $n \geq 1$ a seguinte desigualdade é sempre verdadeira,

$$\sum_{i=1}^{n} \frac{i}{i^4 + i^2 + 1} < \frac{1}{2}.$$

30. Considere a seguinte sequência $N_1 = 2+1$, $N_2 = 2\cdot 3+1$, $N_3 = 2\cdot 3\cdot 5+1$, $N_4 = 2\cdot 3\cdot 5\cdot 7+1, \ldots$. Mostrar que nenhum termo desta sequência é um quadrado perfeito.

31. Considere as duas seguintes conjecturas abaixo e estabeleça a equivalência entre elas:
A (Conjectura de Goldbach) - Todo inteiro par maior do que ou igual a 4 pode ser escrito como a soma de dois primos.

    B - Todo inteiro maior do que 5 pode ser escrito como a soma de três números primos.

32. Mostrar que se $(a, 4) = (b, 4) = 2$, então $(a + b, 4) = 4$

33. Prove que se $(a, b) = c$, então $(a^2, b^2) = c^2$.

34. O número 12340017895783215821767129004213678901327456689241219834526 é quadrado perfeito?

35. Suponha que $65a = 56b$. Prove que $a + b$ é composto.

36. Qual o menor múltiplo de 45 formado apenas por 0's e 1's?

37. Mostre que $\binom{2n}{n}$ é par, para todo $n \geq 1$.

38. Prove que $n + 1$ divide $\binom{2n}{n}$, para todo $n \geq 1$.

39. Existe triângulo retângulo cujos lados são primos?

40. Use o Problema 12 da Seção 1.2, do Capítulo 1, para mostrar que $\sqrt{2}$ é irracional.

41. Sejam $a,b \in \mathbb{N}$ com $a \mid b^2$, $b^2 \mid a^3$, $a^3 \mid b^4$, $b^4 \mid a^5, \ldots$. Prove que $a = b$.

42. Prove que para todo $n \geq 3$ a equação

$$\frac{1}{x_1} + \frac{1}{x_2} + \cdots + \frac{1}{x_n} = 1$$

    tem solução em inteiros positivos.

43. Existe um número primo p tal que $2012p^2 + 2011$ também é primo?

44. Quem é maior $(1{,}00001)^{100000}$ ou 2?

45. Prove que todo quadrado pode ser subdividido em k quadrados, se $k \geq 6$.

46. O número 64 tem uma interessante propriedade, a saber, $64 = 2^6 = (2+6)^2$. Encontre todos os números naturais escritos da forma $x^y = (x+y)^2$, com pelo menos um dentre x e y primo.

47. Seja p_n o n-ésimo primo. Prove a *desigualdade de Bonse*:

$$p_1 \cdots p_n > p_{n+1}^2,$$

para todo $n \geq 4$.

48. O valor de 21! é 51.090.942.171.abc.440.000, onde a, b e c são dígitos. Qual é o valor de $100a + 10b + c$?

2.1.1 Solução dos Problemas Suplementares

1.

Solução:

Temos que $p+q^2 \mid p(p+q^2) = p^2+q+q(pq-1)$. Como $p+q^2$ divide p^2+q, então $p+q^2 \mid q(pq-1)$. Mas mdc$(p+q^2,q)$ =mdc$(p,q) = 1$ e logo $p+q^2$ divide $pq-1$.

□

2.

Solução: Temos que,

$$\begin{cases} BI: 2^2 = 4 > 1 + 2\sqrt{2} \\ HI: 2^k > 1 + k\sqrt{2^{k-1}} \\ TI: 2^{k+1} > 1 + (k+1)\sqrt{2^k}. \end{cases}$$

Considere $k > 2$. Como $2^{k+1} = 2 \cdot 2^k$, temos pela HI que

$$2^{k+1} > 2 + 2k\sqrt{2^{k-1}}$$

Usaremos que $2 = \sqrt{2} \cdot \sqrt{2}$ para obter

$$2^{k+1} > 2 + \sqrt{2}k\sqrt{2^k} > 1 + (k+1)\sqrt{2^k},$$

onde usamos que $\sqrt{2}k > k+1$, se $k \geq 3$, e isso conclui a prova.

□

3.

Solução:

Usando a fórmula $1^2 + \cdots + n^2 = n(n+1)(2n+1)/6$, obtemos $1^2 + \cdots + 99^2 = 33 \cdot 50 \cdot 199$ que termina com 0.

□

4.

Solução:

Basta tomar $x_1 = \cdots = x_{998} = 1$, $x_{999} = 2$ e $x_{1000} = 1000$.

□

5.

Solução:

Usamos a identidade

$$a^3 + b^3 + c^3 = (a + b + c)^3 - 3(a^2b + ab^2 + a^2c + ac^2 + b^2c + bc^2) - 6abc.$$

Logo 6 divide $a^3 + b^3 + c^3$ se $a^2b + ab^2 + a^2c + ac^2 + b^2c + bc^2$ é par. Mas, podemos reescrever esse último número com $ab(a + b) + ac(a + c) + bc(b + c)$ que é par (pois $xy(x + y)$ é par para todos $x,y \in \mathbb{Z}$).

□

6.

Solução:

Não pois $24! = 2^{22} \cdot 5^4 m$, com $\text{mdc}(m,10) = 1$, e logo termina com quatro zeros. Mas como $25 = 5^2$, então 25! termina com 6 zeros. A título de curiosidade

$$24! = 620448401733239439360000 \text{ e } 25! = 15511210043330985984000000.$$

□

7.

Solução:

Vamos proceder de duas maneiras:

Solução 1: Observe que $n^5 - 5n^3 + 4n = n(n^2 - 1)(n^2 - 4) = n(n-1)(n+1)(n-2)(n+2)$ que é o produto de 5 números consecutivos. O produto então é divisível por 3 e por 5. Também existem $i,j \in \{-2, -1,0,1,2\}$ distintos e tais que $2 \mid n + i$ e $4 \mid n + j$. Resumindo, 8 também divide esse produto e, assim, $120 = 8 \cdot 3 \cdot 5$ divide $n^5 - 5n^3 + 4n$.

Solução 2: Note que $n^5 - 5n^3 + 4n = 0$ se $n = 1$ ou 2. Podemos supor que $n \geq 3$ e, nesse caso, o resultado segue-se pois

$$n^5 - 5n^3 + 4n = 120\binom{n+2}{5}.$$

□

8.

Solução: Podemos supor $n \geq 10$ (só assim existem quatro últimos dígitos). Se $2^n = \overline{a_1 \cdots a_k aaaa}$, então $2^n = A \cdot 10^4 + aaaa$, onde $a \in \{0, \ldots ,9\}$. Como $aaaa = a(10^4 - 1)/9$, então

$$9 \cdot 2^n = 9A \cdot 10^4 + a \cdot 10^4 - a.$$

Como $n \geq 4$, então 2^4 divide a e logo $a = 0$. Nesse caso, obtemos $9 \cdot 2^n = 9A \cdot 10^4$ que não pode acontecer, pois 5 não divide $9 \cdot 2^n$. □

9.

Solução: Se $16p+1 = m^3$, então $16p = (m-1)(m^2+m+1)$. Como $\text{mdc}(m-1,m^2+m+1) = 1$ ou 3, então deve ser igual a 1 (pois 9 não divide $16p$). Assim temos que $(m-1, m^2+m+1) = (16, p)$ ou $(m-1, m^2+m+1) = (p, 16)$. A única solução aparece no primeiro caso e implica que $p = 317$.

□

10.

Solução: Vamos proceder de duas maneiras:

Solução 1: Se $\frac{a^4+a^3+1}{a^2b^2+ab^2+1} = k \geq 1$, então podemos fatorar como

$$(a^2+a)(a^2-kb^2) = k-1 \geq 0.$$

Se $k=1$, então $a=b$. Se $k>1$, então como $a^2+a \mid k-1$, vale que $a^2+a \leq k-1$. Assim, $k > a^2$. Por outro lado, $a^2 - kb^2 > 0$ e, portanto, $k > a^2 > kb^2 \geq k$ o que é um absurdo. Daí as únicas soluções acontecem quando $a=b$.

Solução 2: Como $a^2b^2+ab^2+1 \mid a^2(a^2b^2+ab^2+1)$, então

$$a^2b^2+ab^2+1 \mid b^2(a^4+a^3+1)+a^2-b^2.$$

Mas $a^2b^2+ab^2+1$ divide a^4+a^3+1, assim $a^2b^2+ab^2+1 \mid a^2-b^2$. Se $a=b$ então temos soluções. Se $a \neq b$, então temos a seguinte contradição

$$\max\{a^2,b^2\} < a^2b^2+ab^2+1 \leq |a^2-b^2| < \min\{a^2,b^2\}.$$

□

11.

Solução: Basta observar que $n^5+n^4+1 = (n^2+n+1)(n^3-n+1)$. □

12.

Solução: Seja $N = \underbrace{11\cdots1}_{1997}\underbrace{22\cdots2}_{1998}5$. Então

$$\begin{aligned} N &= \underbrace{11\cdots1}_{1997}10^{1999} + \underbrace{22\cdots2}_{1998}10+5 \\ &= \frac{1}{9}(10^{1997}-1)\cdot 10^{1999} + \frac{2}{9}(10^{1998}-1)\cdot 10 + 5 \\ &= \frac{1}{9}(10^{3996} + 2\cdot 5\cdot 10^{1998} + 25) \\ &= \left[\frac{1}{3}(10^{1998}+5)\right]^2 \\ &= (\underbrace{33\cdots3}_{1997}5)^2. \end{aligned}$$

□

13.

Solução: Temos que

$$d_7 = d_6 + d_5 = 2d_5 + d_4 = 3d_4 + 2d_3 = 5d_3 + 3d_2 = 8d_2 + 5d_1$$

e

$$\begin{aligned} d_1,d_2,\ldots,d_{10} &= d_1, d_2, d_1+d_2, d_1+2d_2, 2d_1+3d_2, 3d_1+5d_2, 5d_1+8d_2, \\ & \quad 8d_1+13d_2, 13d_1+21d_2, 21d_1+34d_2. \end{aligned}$$

Então, $d_1 + \cdots + d_{10} = 55d_1 + 88d_2 = 11d_7 = 11 \cdot 83 = 913$. □

14.

Solução: Como para todos a,b vale que $2(a^2+b^2) \geq (a+b)^2$, então $2n^3 \geq n^4$ o que implica $n \geq 2$. Assim, $n = 1$ implica $a = 1, b = 0$ e $n = 2$ implica $a = b = 2$. □

15.

Solução: Podemos escrever

$$2a = 6k^2 + 6k + 2 = (2k+1)^2 + (k+1)^2 + k^2$$

e

$$a^2 = 9k^4 + 18k^3 + 15k^2 + 6k + 1 = (k^2+k)^2 + (2k^2+3k+1)^2 + k^2(2k+1)^2.$$

□

16.

Solução: Como,

$$\sum_{j=1}^{n} j = \frac{n(n+1)}{2}$$

é suficiente provar que

$$\sum_{j=1}^{n} (-1)^j j^2 = (-1)^n \frac{n(n+1)}{2}. \tag{2.1}$$

Usando indução vemos que a igualdade (2.1) claramente é válida para $n = 1$. Supondo válida a igualdade (2.1) para $n = k$ mostramos que isto implica a validade para $n = k+1$.

$$\sum_{j=1}^{k+1} (-1)^j j^2 = \sum_{j=1}^{k} (-1)^j j^2 + (-1)^{k+1}(k+1)^2 =$$

$$= (-1)^k \frac{k(k+1)}{2} + (-1)^{k+1}(k+1)^2 =$$

$$= (-1)^{k+1} \left((k+1)^2 - \frac{k(k+1)}{2} \right) =$$

$$= (-1)^{k+1} \left(\frac{(k+1)(k+2)}{2} \right),$$

o que conclui a prova. □

17.

Solução: Isto segue de,

$$(1+Q)^{n+1} = (1+Q)^n(1+Q) \geq (1+nQ)(1+Q) = 1+Q+nQ+nQ^2 > 1+(n+1)Q.$$

Esta desigualdade é atribuída a *Jacques Bernoulli (1654 - 1705)* e chamada desigualdade de Bernoulli. □

18.

Solução: Para $n = 8$ o resultado é verdadeiro. Assumindo que k possa ser escrito com uma soma de 3's e 5's. Então esta soma contém um 5 (talvez muitos) ou nenhum, no primeiro caso, substitua um 5 por dois 3's. O novo número $k+1$ contém 3's ou 5's. No segundo caso, existem pelo menos três 3's e podemos substituí-los por dois 5's. O novo número $k+1$ contém 3's ou 5's e isso prova o resultado. □

19.

Solução: Seja $f(n) = 10^n + 3 \cdot 4^{n+2} + 5$. Como $f(0) = 54$ é divisível por 9 e como para cada inteiro $n \geq 0$,

$$\frac{f(n+1)-f(n)}{9} = 10^n + 4^{n+2},$$

é um inteiro, o resultado segue. □

20.

Solução: Seja $N = 7^{37} + 13^{37} + 19^{37}$. Mostraremos que $3 \mid N$ e que $13 \mid N$. Claramente $N = (6+1)^{37} + (12+1)^{37} + (18+1)^{37} = 3A + 3$ para um certo inteiro A enquanto $N = (13-6)^{37} + 13^{37} + (13+6)^{37} = 13^{37}B + (-6)^{37} + 6^{37} = 13^{37}B$ para um certo inteiro B. Como $(3, 13) = 1$ temos que $39 \mid N$. □

21.

Solução: Temos que $\overline{abcdef} = \overline{abc} \cdot 10^3 + \overline{def} = 999\overline{abc} + (\overline{abc} + \overline{def})$. Como 37 divide 999, então 37 divide $\overline{abcdef}$ se, e somente se, divide $\overline{abc} + \overline{def}$. □

22.

Solução: Considere o número 10101 na base $b \geq 2$. Então

$$10101 = 1b^4 + 0b^3 + 1b^2 + 0b + 1b^0$$

$$= b^4 + b^2 + 1 = (b^2 + b + 1)(b^2 - b + 1),$$

que é o produto de dois inteiros maiores do que 1. □

23.

Solução: O número pedido é $2^6 \cdot 3^6$. No caso geral o menor número é $2^{[n,m]}3^{[n,m]}$.

□

24.

Solução: Seja $d = (a, b)$ com $[a, b] - (a, b) = 143$. Claramente $d \mid 143$.

Devemos analisar as possibilidades de $d = 1$, $d = 11$, $d = 13$ e $d = 143$. Como $d = (a, b)$ existem A e B tais que $a = Ad$ e $b = Bd$ com $(A, B) = 1$.

Se $d = 1$, então $[a, b] - (a, b) = 143$ nos fornece $AB - 1 = 143$ e como $(A, B) = 1$ temos $A = a = 16$ e $B = b = 9$, assim como $A = a = 1$ e $B = b = 144$.

Se $d = 11$, então $[a, b] - 11 = 143$, isto é, $AB - 1 = 13$ e, portanto, $A = 2$ e $B = 7$ (o que nos fornece $a = 22$ e $b = 77$) ou $A = 1$ e $B = 14$ (o que nos fornece $a = 11$ e $b = 154$).

Se $d = 13$ temos $a = 39$ e $b = 52$.

Se $d = 143$ temos $a = 143$ e $b = 286$. □

25.

Solução: Sejam a e b dois inteiros arbitrários e $x = 5a$ e $y = 5b$. Para que se tenha $x + y = 40$ devemos ter $a + b = 8$. Como queremos $(x, y) = 5$ devemos impor $(a, b) = 1$. Logo nos resta mostrar que é possível encontrar um número infinito de pares de inteiros relativamente primos tais que $a + b = 8$. Para isso é suficiente tomar $a = 3 + 2t$ e $b = 5 - 2t$ onde $t \in \mathbb{Z}$. □

26.

Solução: Isto segue do fato de que $3 \mid m$ e $3 \mid n$ enquanto 3 não divide 101. □

27.

Solução: Note que $4 < 5 < 9$ o que implica $2 < \sqrt{5} < 3$. Suponha que $\sqrt{5}$ seja racional. Então existe um menor inteiro positivo b e um inteiro positivo a tais que $\sqrt{5} = \frac{a}{b}$.

Assim, $2 < \frac{a}{b} < 3 \Rightarrow 2b < a < 3b$ e, portanto, $0 < a - 2b < b$. Com $\sqrt{5} = \frac{a}{b}$ temos que $5 = \frac{a^2}{b^2} \Rightarrow 5b^2 = a^2 \Rightarrow 5b^2 - 2ab = a^2 - 2ab$ e

$$\sqrt{5} = \frac{a}{b} = \frac{5b - 2a}{a - 2b}.$$

Mas isto nos dá $\sqrt{5}$ como a razão de dois inteiros onde o denominador é positivo mas menor do que b. Como isto é uma contradição, $\sqrt{5}$ é irracional. □

28.

Solução: Primeiramente observamos que

$$\begin{aligned} 1^2 - 0^2 &= 1 \\ 3^2 - 2^2 &= 5 \\ 5^2 - 4^2 &= 9 \\ 7^2 - 6^2 &= 13 \\ &\vdots \end{aligned}$$

enquanto

$$\begin{aligned} 2^2 - 1^2 &= 3 \\ 4^2 - 3^2 &= 7 \\ 6^2 - 5^2 &= 11 \\ 8^2 - 7^2 &= 15 \\ &\vdots \end{aligned}$$

Disto segue que

$$((m+3)^2-(m+2)^2)-((m+1)^2-m^2)=4 \qquad (m=0,1,2,\dots)$$

isto é,

$$4=m^2-(m+1)^2-(m+2)^2+(m+3)^2 \qquad (m=0,1,2,\dots)$$

Disto concluímos que se n pode ser escrito como

$$n=e_1 1^2+e_2 2^2+\cdots+e_k k^2,$$

o mesmo é verdadeiro para $n+4$, uma vez que

$$n+4=e_1 1^2+e_2 2^2+\cdots+e_k k^2+(k+1)^2-(k+2)^2-(k+3)^2+(k+4)^2.$$

Como vimos no enunciado do problema, os números $1,2,3$ e 4 podem ser escritos nesta forma. Podemos, portanto, concluir que todos os inteiros podem ser escritos nesta forma.

É interessante observar que como cada inteiro maior do que ou igual a 5 é da forma $4r+1$, $4r+2$, $4r+3$ ou $4r+4$, com $r\ge 1$ nós podemos estabelecer que

$$4r+1=1^2+\sum_{i=1}^{2r}(-1)^{i+1}\left((2i)^2-(2i+1)^2\right)$$

$$4r+2=-1^2-2^2-3^2+4^2+\sum_{i=2}^{2r+1}(-1)^{i}\left((2i+1)^2-(2i+2)^2\right)$$

$$4r+3=-1^2+2^2+\sum_{i=1}^{2r}(-1)^{i+1}\left((2i+1)^2-(2i+2)^2\right)$$

$$4r+4=-1^2-2^2+3^2+\sum_{i=2}^{2r+1}(-1)^{i}\left((2i)^2-(2i+1)^2\right)$$

□

29.

Solução: Como $i^4+i^2+1=(i^2+1)^2-i^2=(i^2+i+1)(i^2-i+1)$ e como

$$\frac{i}{(i^2+i+1)(i^2-i+1)}=\frac{1}{2}\left(\frac{1}{(i^2-i+1)}-\frac{1}{(i^2+i+1)}\right)$$

temos,

$$\sum_{i=1}^{n}\frac{i}{i^4+i^2+1}=\frac{1}{2}\left(\sum_{i=1}^{n}\frac{1}{(i^2-i+1)}-\sum_{i=1}^{n}\frac{1}{(i^2+i+1)}\right)=$$

$$=\frac{1}{2}\left(\sum_{i=1}^{n}\frac{1}{(i-1)i+1}-\sum_{i=1}^{n}\frac{1}{(i+1)i+1}\right)=\frac{1}{2}\left(1-\frac{1}{n(n+1)+1}\right)$$

o que completa a demonstração. □

30.

Solução: É fácil ver que um quadrado perfeito nunca é da forma $4k+3$ e que $N_k = 2p_2p_3\ldots p_k + 1 = 2(2r+1)+1 = 4r+3$. □

31.

Solução: Seja $n > 5$. Pela conjectura A, se n é par, existem dois primos p e q tais que $n-2 = p+q$, isto é $n = p+q+2$. Se n é ímpar existem dois primos p e q tais que $n-3 = p+q$ isto é $n = p+q+3$. Em ambos os casos segue a conjectura B.

Seja agora $n \geq 4$ um inteiro par. Pela conjectura B existem três números primos p, q e r tais que $n+2 = p+q+r$. Como $n+2$ é par, claramente um dos três primos p, q ou r deve ser par, isto é igual a 2. Supondo $r = 2$ temos que $n = p+q$ o que estabelece a conjectura A. □

32.

Solução: Se $(a,4) = (b,4) = 2$, então $a = 2k$, $b = 2s$ onde k e s são ímpares. Logo, $a+b = 2(k+s)$ é múltiplo de 4 pois $k+s$ é par. Daí $(a+b,4) = 4$. □

33.

Solução: Se,

$$a = \prod p_i^{\alpha_i} \quad \text{e} \quad b = \prod p_i^{\beta_i}$$

então,

$$c = \prod p_i^{\max\{\alpha_i, \beta_i\}}$$

mas,

$$a^2 = \prod p_i^{2\alpha_i} \quad \text{e} \quad b^2 = \prod p_i^{2\beta_i}$$

e o resultado segue uma vez que $\max\{2\alpha_i, 2\beta_i\} = 2\max\{\alpha_i, \beta_i\}$. □

34.

Solução: Suponha que o número acima é quadrado perfeito, digamos a^2. Como $2 \mid a^2$, então $2 \mid a$ e logo $4 \mid a^2$, mas a^2 termina com 26 e logo não é múltiplo de 4. □

35.

Solução: Somando $56a$ na igualdade, obtemos $121a = 56(a+b)$. Logo $121 \mid 56(a+b)$ e como $(121, 56) = 1$, então $121 = 11^2 \mid (a+b)$ e, portanto, $a+b$ é composto (tem pelo menos 1, 11, 121 como divisores). □

36.

Solução: Como $45 = 5 \cdot 9$ e $(5,9) = 1$, então lembramos que tal número deve terminar em 0 ou 5 e a soma dos seus dígitos deve ser múltiplo de 9. Como somente 0s e 1s, são permitidos, então o número procurado deve terminar em 0. Logo 1111111110 é o numero procurado. □

37.

Solução: Basta usar a relação $\binom{m}{k} = \frac{m}{k}\binom{m-1}{k-1}$. Daí,

$$\binom{2n}{n} = \frac{2n}{n}\binom{2n-1}{n-1} = 2\binom{2n-1}{n-1}.$$

□

38.

Solução: Temos que

$$\binom{2n}{n} = \frac{(2n)!}{(n!)^2} = \frac{(2n)(2n-1)\dots(n+1)}{n!}.$$

Multiplicando a igualdade anterior por $\frac{2n+1}{n+1}$, obtemos

$$\frac{2n+1}{n+1}\binom{2n}{n} = \frac{(2n+1)(2n)(2n-1)\dots(n+2)}{n!}.$$

No numerador do lado direito temos n consecutivos que é, portanto, divisível por $n!$. Assim,

$$n+1 \mid (2n+1)\binom{2n}{n}.$$

Mas $(n+1, 2n+1) = 1$ (Prove!) e, portanto,

$$n+1 \mid \binom{2n}{n}.$$

OBS: O número $\frac{1}{n+1}\binom{2n}{n}$ é chamado n-ésimo número de *Catalan*. □

39.

Solução: Suponha que existe e tem medidas de lados a *(hipotenusa)* e b, c *(catetos)*. Pelo *Teorema de Pitágoras* temos $a^2 = b^2 + c^2$. Como $a > b$ e a é primo, então é ímpar, logo b ou c deve ser par. Mas o único primo par é 2, assim podemos supor que $b = 2$. Portanto, $a^2 = 4 + c^2$ implicando em $4 = (a-c)(a+c)$. Como $a > c > 0$, então $a - c = 1$ e $a + c = 4$. Absurdo, pois nesse caso $a = \frac{5}{2}$. □

40.

Solução: Suponha que $\sqrt{2} = \frac{a}{b}$, com $(a, b) = 1$. Então elevando ao quadrado,

$$2 = \frac{a^2}{b^2} \iff 2b^2 = a^2$$

ou equivalentemente,

$$3b^2 = a^2 + b^2 \Rightarrow 3 \mid a^2 + b^2$$

e logo $3 \mid a$ e $3 \mid b$ o que contradiz $(a, b) = 1$. □

41.

Solução: Na verdade, temos que $a^{2n-1} \mid b^{2n}$ e $b^{2n} \mid a^{2n+1}$ para todo $n \geq 1$. Em particular, vale as seguintes desigualdades,

$$a^{2n-1} \leq b^{2n} \leq a^{2n+1}.$$

Aplicando $\log(\cdot)$, temos

$$(2n-1)\log a \leq 2n \log b \leq (2n+1)\log a.$$

assim,

$$\left(1 - \frac{1}{2n}\right) \leq \frac{\log b}{\log a} \leq \left(1 + \frac{1}{2n}\right)$$

para todo $n \geq 1$. Fazendo n tender ao infinito (e lembrando que $\lim_{n\to\infty} \frac{1}{2n} = 0$), obtemos

$$1 \leq \frac{\log b}{\log a} \leq 1$$

ou seja, $\frac{\log b}{\log a} = 1$ e daí $a = b$ (pois $\log(\cdot) : (1, +\infty) \to \mathbb{R}$ é injetiva). $\square$

42.

Solução: Usaremos indução sobre n.

$$\begin{cases} BI : n = 3 \text{ temos,} \\ \frac{1}{2} + \frac{1}{3} + \frac{1}{6} = 1 \text{ portanto } (2,3,6) \text{ é solução.} \\ HI : \frac{1}{x_1} + \frac{1}{x_2} + \dots \frac{1}{x_n} \text{ tem solução } (x_1, x_2, \dots, x_n). \\ TI : \frac{1}{y_1} + \frac{1}{y_2} + \dots \frac{1}{y_{n+1}} \text{ tem solução } (y_1, y_2, \dots, y_{n+1}). \end{cases}$$

Pela hipótese de indução,

$$\frac{1}{x_1} + \frac{1}{x_2} + \cdots + \frac{1}{x_n} = 1 \iff \frac{1}{2x_1} + \frac{1}{2x_2} + \cdots + \frac{1}{2x_n} = \frac{1}{2} \iff$$

$$\iff \frac{1}{2} + \frac{1}{2x_1} + \frac{1}{2x_2} + \cdots + \frac{1}{2x_n} = 1.$$

logo $(y_1, y_2, \dots, y_{n+1}) = (2, 2x_1, \dots, 2x_n)$ é uma solução procurada. $\square$

43.

Solução: A resposta é não. De fato, se $p = 3$, então $2012p^2 + 2011 = 20119$ que é divisível por 11 (pois $11 \mid (2-0+1-1+9)$). Mas se $p \neq 3$, então $p^2 \equiv 1 \pmod 3$ e logo $2012p^2 + 2011 \equiv 4023 \equiv 0 \pmod 3$ é composto. $\square$

44.

Solução: Usando a *desigualdade de Bernoulli* (ver Problema 2),

$$(1{,}00001)^{100000} = (1 + 10^{-5})^{10^5} > 1 + 10^5 \cdot 10^{-5} = 2.$$

$\square$

45.

Solução: Usaremos indução sobre k.

BI : Casos $k = 6, 7$ e 8 basta observar,

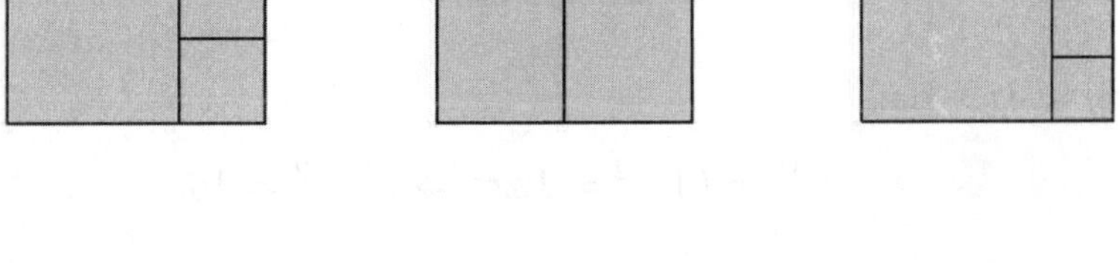

HI : Todo quadrado pode ser dividido em n subquadrados $6 \leq n \leq k$.
TI : Todo quadrado pode ser dividido em $k+1$ subquadrados.
Observe a seguinte configuração

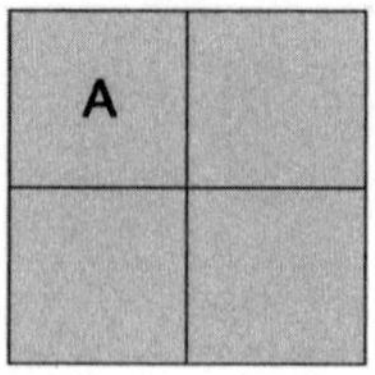

o quadrado que chamamos de A, por hipótese de indução, pode ser subdividido em $k-2$ subquadrados, i.e.,

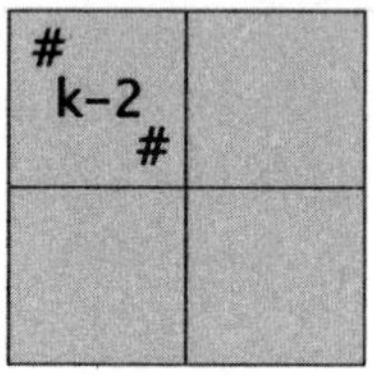

logo essa subdivisão tem $(k-2)+3 = k+1$ quadrados. □

46.

Solução: Se y é primo, então ou $y = 2$ ou y é ímpar. Se $y = 2$, então $x^2 = (x+2)^2 = x^2 + 4x + 2$ o que é absurdo. Logo y é ímpar. Nesse caso, $(x+y)^2$ tem a paridade de $x+1$, mas, por outro lado, x^y tem a paridade de x. O que também é uma contradição. Portanto, x é primo e da relação $x^y = (x+y)^2$, obtemos $x \mid (x+y)^2$, logo $x \mid x+y$ implicando $x \mid y$. Ou seja, $y = kx$, para algum $k \geq 1$. Substituindo, obtemos

$$x^{kx} = (x+kx)^2 \iff x^{kx} = x^2(k+1)^2 \iff x^{kx-2} = (k+1)^2.$$

Como $x \geq 2$, então $x^{kx-2} \geq 2^{2k-2} = 4^{k-1}$. Dai $4^{k-1} \leq (k+1)^2$. Mas usando indução, prova-se que $4^{k-1} > (k+1)^2$, para todo $k \geq 4$. Logo, no nosso caso, vale que $k = 1$,2 ou 3.

Se $k = 1$ então $x = y$ e daí,

$$x^x = (2x)^2 = 4x^2 \Rightarrow x^{x-2} = 4,$$

o que não ocorre (prove!).

Se $k = 2$, então $y = 2x$ e daí,

$$x^{2x} = (3x)^2 = 9x^2 \Rightarrow x^{2x-2} = 9,$$

que não ocorre (prove!).

Se $k = 3$, então $y = 3x$ e daí,

$$x^{3x} = (4x)^2 = 16x^2 \Rightarrow x^{3x-2} = 16,$$

e logo $x = 2$ é solução. Assim, $y = 6$ e $2^6 = (2+6)^2 = 64$ é o único número natural escrito dessas duas maneiras.

□

47.

Solução: Provaremos por indução sobre n. Para $n = 4$, temos que $p_1p_2p_3p_4 = 210 > 11^2 = p_5^2$. Suponha que $p_1 \cdots p_k > p_{k+1}^2$, então $p_1 \cdots p_{k+1} > p_{k+1}^3$. Por outro lado, usando o *postulado de Bertrand*[1], temos que $p_{n+2} < 2p_{n+1}$ e logo $p_{n+2}^2 < 4p_{n+1}^2 < p_{n+1}^3$ e o resultado segue-se. □

48.

Solução: 21! é divisível por $7 \cdot 11 \cdot 13 = 1001$, assim $1001 \mid 051 - 090 + 942 - 171 + (100a + 10b + c) - 440 + 000$, ou $1001 \mid (100a + 10b + c) + 292$. Como $0 \leq 100a + 10b + c \leq 999$, então $100a + 10b + c = 709$. □

2.2 Congruência

Problemas suplementares referentes ao Capítulo 2

1. Prove que existem infinitos $a > 0$ tais que $n^4 + a$ é composto, para todo $n \geq 1$.

2. Quais os últimos 5 dígitos de 5^{1981}?

3. Resolva a congruência linear $19x \equiv 3 \pmod{45}$.

4. Prove que 17 divide $2^{111} - 2015$.

5. Encontre os dois últimos dígitos de 3^{400}.

6. Encontre um número que ao ser somado a $(n^2-1)^{1000}(n^2+1)^{1000}$ torna o resultado divisível por n.

7. Prove que $x^{19} \equiv 7 \pmod{229}$ não tem solução.

8. Resolva o sistema:
$$\begin{cases} x \equiv 2 \pmod{3} \\ x \equiv 3 \pmod{5} \\ x \equiv 5 \pmod{2} \end{cases}$$

9. Prove que
$$\frac{n^5}{5} + \frac{n^3}{3} + \frac{7n}{15}$$
é inteiro, para todo inteiro n.

10. Prove que para todo $n \in \mathbb{N}$, existe $m \in \mathbb{N}$ tal que 2^m tem pelo menos n zeros consecutivos em sua expansão decimal.

11. Seja $S(n)$ a soma dos dígitos de n (na base 10). Prove que $n \equiv S(n) \pmod{9}$.

12. Prove que não existe $n \in \mathbb{N}$ tal que $S(2016n)$ deixa resto 2015 na divisão por 2016.

[1] Para todo $n > 1$ existe um primo entre n e $2n$

13. Calcule $S(S(S(2^{2015})))$.

14. Prove que para todo $s \in \mathbb{N}$, existe n tal que $S(n) = s$ e $s \mid n$.

15. Prove que, para todo primo p, a diferença,

$$11\ldots122\ldots233\ldots3\ldots\ldots88\ldots899\ldots9 - 123456789$$

é divisível por p. (No primeiro número, cada algarismo está escrito p vezes.)

16. Resolver a equação $x^3 - 2013 = y!$.

17. Resolva a equação $3^x - 2^y = 7$.

18. Prove que não existe $P \in \mathbb{Z}[x]$ e $y \in \mathbb{Z}$ tais que,

$$\begin{cases} P(2014) + P(2014^2) + \cdots + P(2014^{2014}) = y^2 \\ P(1) = 2 \end{cases}$$

19. Sejam $a,n \in \mathbb{Z}$ com $n \geq 2$ e $\text{mdc}(a,n) = 1$. Prove que $a^{n-1} + (n-1)! \equiv 0 \pmod{n}$ se, e somente se, n é primo.

20. Se p é primo, prove que, para todo $1 \leq n \leq p$,

$$(n-1)!(p-n)! \equiv (-1)^n \pmod{p}.$$

21. Se p é primo, prove que $\binom{p-1}{k} \equiv (-1)^k \pmod{p}$.

22. Calcule o $\text{mdc}(n! + 1,(n+1)!)$ para todo $n \geq 1$.

23. Resolva a equação Diofantina

$$3^x - 5^y = 2.$$

2.2.1 Solução dos Problemas Suplementares

1.

Solução: Tome $a = 2^{4k-2}$, onde $k \geq 3$. Então

$$n^4 + a = (n^2 - 2^k n + 2^{2k-1})(n^2 + 2^k n + 2^{2k-1}).$$

Se $n^2 - 2^k n + 2^{k-1} = 1\pm$, então o discriminante dessa equação deve ser necessariamente positivo. No entanto, $\Delta = \pm 4 - 2^{2k} < 0$, para $k \geq 3$. Logo $n^4 + a$ é sempre composto. □

2.

Solução: Note que $5^{1981} - 5^5 = 5^5(5^{1976} - 1)$. Daí

$$\begin{aligned} 5^{1981} - 5^5 &= 5^5((5^8)^{247} - 1) \\ &= m_1 5^5(5^8 - 1) = m_1 5^5(5^4 - 1)(5^4 + 1) \\ &= m_1 5^5(5-1)(5+1)(5^2+1)(5^4+1) \\ &= m_2 5^5 2^5 \equiv 0 \pmod{10^5}. \end{aligned}$$

Logo $5^{1981} \equiv 5^5 \equiv 3125 \pmod{10^5}$ e, portanto, os 5 últimos dígitos de 5^{1981} são 03125. □

3.

Solução: Multiplique a congruência por 3, então

$$12x \equiv 57x \equiv 9 \pmod{45}.$$

Multiplicando por 4, obtemos

$$3x \equiv 48x \equiv 36 \pmod{45}$$

e, por fim, multiplicamos por 6,

$$18x \equiv 216 \equiv 36 \pmod{45}.$$

Subtraindo da primeira congruência, ficamos com

$$x \equiv 19x - 18x \equiv 3 - 36 \equiv -33 \equiv 12 \pmod{45}.$$

□

4.

Solução: Como $2015 \equiv 9 \pmod{17}$, é suficiente mostrar que $2^{111} \equiv 9 \pmod{17}$. Pelo *Pequeno Teorema de Fermat* $2^{16} \equiv 1 \pmod{17}$, logo

$$2^{111} \equiv \left(2^{16}\right)^6 \cdot 2^{15} \equiv 2^{15} \pmod{17}.$$

Temos que

$$2^5 \equiv -2 \pmod{17}$$

e daí, $2^{15} \equiv -8 \equiv 9 \pmod{17}$. Portanto $2^{111} \equiv 9 \pmod{17}$. □

5.

Solução: Temos que

$$3^{400} \equiv \left(3^4\right)^{100} \equiv (80+1)^{100} \equiv 1 + \sum_{k=1}^{100} \binom{100}{k} 80^k \equiv 1 \pmod{100},$$

logo os dois últimos dígitos são 01 □

6.

Solução: Solução 1. $n^2 - 1 \equiv -1 \pmod{n}$ e daí $(n^2-1)^{1000} \equiv 1 \pmod{n}$. Também, $n^2 + 1 \equiv 1 \pmod{n}$ e logo $(n^2+1)^{1000} \equiv 1 \pmod{n}$. Combinando essas congruências, obtemos $(n^2-1)^{1000}(n^2+1)^{1000} \equiv 1 \pmod{n}$ e, portanto, $(n^2-1)^{1000}(n^2+1)^{1000} + n - 1 \equiv 0 \pmod{n}$.

Solução 2. Temos que $(n^2-1)^{1000}(n^2+1)^{1000} = (n^4-1)^{1000} = 1 + \sum_{k=1}^{1000} \binom{1000}{k} n^{4k}(-1)^{1000-k} \equiv 1 \pmod{n}$. Daí, $(n^2-1)^{1000}(n^2+1)^{1000} + n - 1 \equiv 0 \pmod{n}$. □

7.

Solução: Suponha que a é solução dessa congruência. Então $a^{19} \equiv 7 \pmod{229}$ e elevando a 12, obtemos $a^{228} \equiv 7^{12} \pmod{229}$. Como $(229, a) = 1$, pelo *Pequeno Teorema de Fermat*, $a^{228} \equiv 1 \pmod{229}$. Logo $7^{12} \equiv 1 \pmod{229}$. Mas fazendo algumas contas, obtemos $7^{12} \equiv 43 \pmod{229}$ o que nos dá um absurdo. Logo $x^{19} \equiv 7 \pmod{229}$ não tem solução. □

8.

Solução: Da primeira congruência, temos $x = 3y_1 + 2$. Substituindo na segunda,

$$3y_1 + 2 \equiv 3 \pmod 5 \Rightarrow 3y_1 \equiv 1 \pmod 5.$$

Multiplicando essa última congruência por 2 obtemos

$$y_1 \equiv 6y_1 \equiv 2 \pmod 5.$$

Logo $y_1 = 5y_2 + 2$ portanto, $x = 3y_1 + 2 = 3(5y_2 + 2) + 2 = 15y_2 + 8$ e substituindo na terceira congruência, $15y_2 + 8 \equiv 5 \pmod 2$, então $y_2 \equiv -3 \equiv 1 \pmod 2$ e logo $y_2 = 2y_3 + 1$. Portanto, $x = 15(2y_3 + 1) + 8 = 30y_3 + 23$. Assim a solução é dada por $x \equiv 23 \pmod{30}$. □

9.

Solução: Basta-nos mostrar que 15 divide $3n^5 + 5n^3 + 7n$, para todo $n \in \mathbb{Z}$. Note que $3 \mid 3n^5 + 5n^3 + 7n$ se, e somente se, $3 \mid 5n^3 + 7n$. Como $n^3 \equiv n \pmod 3$, então $5n^3 + 7n \equiv 12n \equiv 0 \pmod 3$. Logo $3 \mid 3n^5 + 5n^3 + 7n$. Do mesmo modo $5 \mid 3n^5 + 5n^3 + 7n$ se, e somente se, $5 \mid 3n^5 + 7n$ mas $n^5 \equiv n \pmod 5$ e logo $3n^5 + 7n \equiv 3n + 7n \equiv 10n \equiv 0 \pmod 5$. Logo $5 \mid 3n^5 + 5n^3 + 7n$ e, portanto, $3 \cdot 5 = 15 \mid 3n^5 + 5n^3 + 7n$. □

10.

Solução: Como $(2, 5^{2n}) = 1$, pelo *Teorema de Euler* obtemos,

$$2^{\phi(5^{2n})} \equiv 1 \pmod{5^{2n}}$$

e logo $2^{\phi(5^{2n})} = k5^{2n} + 1$, para algum $k \in \mathbb{Z}$. Multiplicando por 2^{2n} obtemos $2^{2n+\phi(5^{2n})} = k10^{2n} + 4^n$. Note que 10^{2n} termina em $2n$ zeros e $4^n < 10^n$ tem no máximo n dígitos. Provando assim o resultado.

Obs: Note que pelo problema anterior

$$2^{2\cdot 2+\phi(5^{2\cdot 2})} = 2^{504} = 52374249\ldots 441430016$$

tem 2 zeros consecutivos como podemos ver. No entanto, o problema não fornece a menor potência com essa propriedade. Nesse caso, $2^{53} = 9007199254740992$ é a menor potência de 2 com dois zeros consecutivos. □

11.

Solução: Temos que se

$$n = \overline{a_k \ldots a_0} = a_k 10^k + \cdots + a_1 10^1 + a_0 \equiv a_k + \cdots + a_1 + a_0 \equiv S(n) \pmod 9,$$

onde usamos que $10^j \equiv 1 \pmod 9$. □

12.

Solução: Suponha que $n \in \mathbb{N}$ é tal que $S(2016n) \equiv 2015 \pmod{2016}$. Pelo problema anterior, $S(2016n) \equiv 2016n \equiv 0 \pmod 9$ logo $9 \mid S(2016n)$ e como $9 \mid 2016$, então $9 \mid 2015$ o que é absurdo. Logo não existe tal n. □

13.

Solução: Temos que $2^{2015} \equiv S(2^{2015}) \equiv S(S(2^{2015})) \equiv S(S(S(2^{2015}))) \pmod 9$. Por outro lado, fazendo algumas contas, obtemos $2^{2015} \equiv 5 \pmod 9$ e, portanto, $S(S(S(2^{2015}))) \equiv 5 \pmod 9$ o que implica em

$$S(S(S(2^{2015}))) \in \{5, 14, 23, 32, 41, \dots\}.$$

Por outro lado, $2^{2015} < 2^{2016} = 8^{672} < 10^{672}$. Logo 2^{2015} têm no máximo 672 dígitos. Portanto,

$$S(2^{2015}) \leq S(\underbrace{99\dots9}_{672}) = 6048.$$

Assim,

$$S(S(2^{2015})) \leq S(5999) = 32$$

e por fim,

$$S(S(S(2^{2015}))) \leq S(29) = 11.$$

Logo $S(S(S(2^{2015}))) = 5$. □

14.

Solução: Se $\mathrm{mdc}(s,10) = 1$, seja $n = 10^{s\phi(s)} + 10^{(s-1)\phi(s)} + \cdots + 10^{\phi(s)}$. Claramente $S(n) = s$ e

$$n = (10^{s\phi(s)} - 1) + (10^{(s-1)\phi(s)} - 1) + \cdots + (10^{\phi(s)} - 1) + s \equiv 0 \pmod s,$$

onde usamos o *Teorema de Euler*. Se $\mathrm{mdc}(s,10) > 1$, escreva $s = 2^a5^bt$, com $\mathrm{mdc}(t,10) = 1$. Tome $n = 10^{a+b}(10^{s\phi(t)} + 10^{(s-1)\phi(t)} + \cdots + 10^{\phi(t)})$. □

15.

Solução: Vamos chamar o primeiro número de A. Então,

$$A = 11\dots1 \cdot 10^{8p} + 22\dots2 \cdot 10^{7p} + \cdots + 88\dots8 \cdot 10^{p} + 99\dots9.$$

Como $10^p \equiv 10 \pmod p$ então

$$A \equiv 11\dots1 \cdot 10^{8} + 22\dots2 \cdot 10^{7} + \cdots + 88\dots8 \cdot 10 + 99\dots9 \pmod p.$$

Sabemos que $\underbrace{aa\dots a}_{n} = a\left(\frac{10^n-1}{9}\right)$, com $1 \leq a \leq 9$. Logo,

$$A \equiv \left(\frac{10^p-1}{9}\right) \cdot 10^8 + 2 \cdot \left(\frac{10^p-1}{9}\right) \cdot 10^7 + \cdots + 8 \cdot \left(\frac{10^p-1}{9}\right) \cdot 10 + 9 \cdot \left(\frac{10^p-1}{9}\right) \equiv$$

$$\equiv \left(\frac{10^p-1}{9}\right) \cdot (10^8 + 2 \cdot 10^7 + \cdots + 8 \cdot 10 + 9) \pmod p.$$

Claramente se $p = 3$ o exercício está resolvido (basta somar os dígitos). Podemos supor então que $p \neq 3$. Como $10^p \equiv 10 \pmod p$ então $\frac{10^p-1}{9} \equiv 1 \pmod p$ e logo,

$$A \equiv 10^8 + 2 \cdot 10^7 + \cdots + 8 \cdot 10 + 9 \equiv 123456789 \pmod p.$$

Assim,

$$A - 123456789 \equiv 0 \pmod p$$

como queríamos. □

16.

Solução: Note que $y! \equiv 0 \pmod 9$ para $y \geq 6$. Por outro lado, $x^3 \equiv 0, 1$ ou $8 \pmod 9$. Olhando então para a equação módulo 9, obtemos (para $y \geq 6$)

$$0{,}1 \text{ ou } 8 \equiv x^3 \equiv y! + 2013 \equiv 2013 \equiv 6 \pmod 9$$

o que é um absurdo. Logo $y \in \{1, 2, 3, 4, 5\}$. Mas nenhum desses valores fornece uma solução. □

17.

Solução: Se $y \geq 3$, então $2^y \equiv 0 \pmod 8$, assim $3^x \equiv 7 \pmod 8$. Por outro lado, $3^{2k} \equiv 9^k \equiv 1 \pmod 8$ e $3^{2k+1} \equiv 3 \pmod 8$. Resumindo, as possíveis soluções aparecem para $y \in \{1, 2\}$ que fornece (2,1) como única solução. □

18.

Solução: Para esse problema, precisamos do seguinte fato (Prove-o!). Se

$$a \equiv b \pmod m \quad \text{e} \quad P(x) \in \mathbb{Z}[x] \quad \text{então} \quad P(a) \equiv P(b) \pmod m.$$

Note que $2014^k \equiv 1 \pmod 3$, daí $P(2014^k) \equiv P(1) \equiv 2 \pmod 3$. Assim,

$$y^2 \equiv P(2014) + P(2014^2) + \cdots + P(2014^{2014}) \equiv 4028 \equiv 2 \pmod 3$$

o que é absurdo, pois $y^2 \equiv 0$ ou $1 \pmod 3$. □

19.

Solução: Se n é primo, então $a^{n-1} + (n-1)! \equiv 1 + (-1) \equiv 0 \pmod n$, pelo *Pequeno Teorema de Fermat* e pelo *Teorema de Wilson*. Suponha que $n = n_1 n_2$ com $n_1 \geq n_2 \geq 2$. Como $n \mid a^{n-1} + (n-1)!$, então $n_1 \mid a^{n-1} + (n-1)!$ e logo $n_1 \mid a^{n-1}$ (pois $n_1 \mid (n-1)!$) o que contradiz a coprimalidade de a e n. □

20.

Solução: Se $p = 2$, a congruência é válida. Suponha que p é ímpar. Então $(p-1)! \equiv -1 \pmod p$ (*Teorema de Wilson*) e, logo,

$$\begin{aligned} (p-1)! &= (n-1)!n(n+1)\cdots(p-1) \\ &\equiv (n-1)!(p-(p-n))(p-(p-n-1))\cdots(p-1) \equiv -1 \pmod p. \end{aligned}$$

O resultado segue-se pois $p - k \equiv -k \pmod p$, para $k = 1, \ldots, p-n$.

□

21.

Solução: Temos que $\binom{p-1}{k} = \frac{(p-1)!}{k!(p-k-1)!}$. Portanto, $k!(p-k-1)!\binom{p-1}{k} \equiv (p-1)! \equiv -1 \pmod p$ (*Teorema de Wilson*). Aplicando o exercício anterior para $n = k+1$, obtemos $k!(p-k-1)! \equiv (-1)^{k+1} \pmod p$. Logo $\binom{p-1}{k} \equiv (-1)^k \pmod p$. □

22.

Solução: Afirmamos que

$$\text{mdc}(n!+1,(n+1)!) = \begin{cases} 1, & \text{se } n+1 \text{ é composto;} \\ n+1, & \text{se } n+1 \text{ é primo.} \end{cases}$$

De fato, se $n+1$ é composto, digamos $n+1 = rs$, com $2 \leq r \leq s < n+1$, então todo fator primo de $n+1$ divide $n!$ e, logo, não divide $n!+1$. Portanto, $\text{mdc}(n!+1,(n+1)!) = 1$. Suponha que $n+1 = p$ é primo. Então $n+1$ é o maior primo que divide $(n+1)!$. Por outro lado, $n!+1 = (p-1)!+1 \equiv -1+1 \equiv 0 \pmod{n+1}$ (*Teorema de Wilson*). Assim, $n+1 = \text{mdc}(n!+1,(n+1)!)$. □

23.

Solução: Primeiro, trabalhando $\pmod 3$, obtemos $5^y \equiv -2 \equiv 1 \pmod 3$ que implica y par e assim $y \geq 2$. Então $x \geq 3$. Estudando $\pmod 9$, temos $5^y \equiv -2 \equiv 7 \pmod 9$. No entanto, $5^y \equiv 5,7,8,4,2,1 \pmod 9$ e então $y \equiv 2 \pmod 6$.

Agora, olhando $\pmod 7$, temos $3^x \equiv 6 \pmod 7$. Mas $3^x \equiv 3,2,6,4,5,1 \pmod 7$ e então $x \equiv 3 \pmod 6$. Agora, usando que $3^6 \equiv 5^6 \equiv 7 \pmod{19}$, obtemos $3^x \equiv 18,12,8 \pmod{19}$ enquanto $5^y + 2 \equiv 6,11,8 \pmod{19}$. Assim $x \equiv 3 \pmod{18}$ e $y \equiv 2 \pmod{18}$.

Supondo $x \geq 4$, temos $5^y \equiv -2 \equiv 79 \pmod{81}$ que implica em $y \equiv 20 \pmod{54}$. Como $5^{54} \equiv 1 \pmod{109}$, tem-se $3^x \equiv 5^{20}+2 \equiv 37 \pmod{109}$, mas por outro lado, $x \equiv 3 \pmod{18}$, e vale que $3^x \equiv 16,66,27 \pmod{109}$ que é uma contradição. Assim a única solução é $x = 3$ e então $y = 2$.
□

2.3 Teoria combinatória dos números

Problemas suplementares referentes ao Capítulo 3

1. Numa dada cidade existem 777 pessoas com sobrenome Taylor. Sabendo-se que nenhuma pessoa nesta cidade possui mais do que dois nomes, mostrar que existem pelo menos 2 pessoas com as mesmas iniciais.

2. 100 cartões, numerados de 1 até 100 são distribuídos entre 6 pessoas. Mostrar que, pelo menos uma dessas pessoas tem pelo menos 4 números 3's em seus cartões.

3. Numa reunião estão presentes 9 pessoas com idades de 18 a 58 anos. Mostrar que é possível escolher dois grupos disjuntos de pessoas dentre essas de tal maneira que a soma de suas idades, em cada grupo, seja a mesma.

4. Considere um tabuleiro 15×15 onde os pequenos quadrados (células) são pintados de uma dentre as cores vermelha, azul e verde. Mostrar que existem pelo menos duas colunas de células com o mesmo número de quadrados de pelo menos uma das cores.

5. Suponha que $f(x)$ seja um polinômio com coeficientes inteiros. Se $f(x) = 2$ para 3 inteiros diferentes a, b e c, provar que $f(n) \neq 3$ para todo n inteiro.

6. Dados 12 inteiros distintos, de dois dígitos cada, provar que existem dois deles cuja diferença (um número de dois dígitos) tem dígitos iguais.

7. Mostrar que para dois inteiros a e b relativamente primos existem inteiros x e y tais que $ax - by = 1$.

8. Considere um tabuleiro $(2n-1) \times (2n-1)$ onde são colocadas $2n-1$ torres não havendo duas em uma mesma linha ou mesma coluna. Mostrar que qualquer quadrado $n \times n$ contém pelo menos uma torre.

9. Provar que existem duas potências de 3 cuja diferença é divisível por 1997.

10. Uma pessoa toma pelo menos uma aspirina por dia por 30 dias consecutivos. Se ela toma um total de 45 nestes 30 dias, mostrar que em alguma sequência de dias consecutivos ela toma exatamente 14 aspirinas.

2.3.1 Solução dos Problemas Suplementares

1.

Solução: As pessoas com sobrenome Taylor possuem um ou dois nomes. Existem 26 possíveis iniciais para essas pessoas com apenas um nome e $26^2 = 676$ possibilidades de iniciais para pessoas com dois nomes. Portanto, existem $26 + 676 = 702$ possíveis conjuntos de iniciais para as pessoas com sobrenome Taylor. Como são 777 as que têm este sobrenome, o resultado segue. □

2.

Solução: Nestes 100 cartões o dígito 3 aparece um total de 20 vezes. Uma das versões do *Princípio da casa dos pombos* nos garante que alguma pessoa deve ter um total de $\lfloor \frac{20}{6} \rfloor + 1 = 4$ 3's. □

3.

Solução: Cada conjunto com 9 elementos possui $2^9 = 512$ subconjuntos e, portanto, 511 subconjuntos não vazios. Como a idade de cada um varia de 18 a 58 a soma das idades em cada grupo varia de $1 \cdot 18$ e $9 \cdot 58$, isto é, entre 18 e 522. Logo existem no máximo 505 possíveis valores para o total das idades em cada grupo. Como existem 511 subconjuntos não vazios, temos, pelo *Principio da casa dos pombos*, que existem dois subconjuntos com o mesmo total para a soma das idades. Caso uma mesma pessoa esteja nesses dois subconjuntos ela deve ser removida de cada um deles. Desta maneira estes dois novos subconjuntos terão a mesma soma para as idades de seus membros e teremos produzido os dois subconjuntos desejados. □

4.

Solução: Vamos assumir que para cada cor, cada coluna possui um número diferente de cédulas com aquela cor. Desta forma o número mínimo de cédulas de uma cor não pode ser menor do que

$$0 + 1 + 2 + 3 + \cdots + 13 + 14 = 105.$$

Para satisfazer esta condição para as 3 cores seriam necessários $105 \cdot 3 = 315$ cédulas o que excede o total disponível de células $15 \cdot 15 = 225$. □

5.

Solução:

Solução 1: Considere,

$$f(x) = c_n x^n + c_{n-1} x^{n-1} + \cdots + c_1 x^1 + c_0.$$

É fácil ver que para quaisquer dois inteiros diferentes p e q, $f(p) - f(q)$ é divisível por $p - q$. De fato,

$$f(p) - f(q) = c_n(p^n - q^n) + c_{n-1}(p^{n-1} - q^{n-1}) + \cdots + c_1(p^1 - q^1).$$

e, claramente, $(p - q) \mid p^k - q^k$ para todo inteiro $k > 0$.

Vamos assumir $f(a) = f(b) = f(c) = 2$ e $f(d) = 3$ com a, b, c e d todos diferentes.

Logo, $(d-a) \mid (f(d)-f(a)) = 3-2 = 1$, $(d-b) \mid (f(d)-f(b)) = 3-2 = 1$ e $(d-c) \mid (f(d)-f(c)) = 3-2 = 1$. Logo todas as diferenças $d-a$, $d-b$ e $d-c$ dividem 1. Como 1 possui somente dois divisores 1 e -1 duas dessas diferenças coincidem. Isto contradiz o fato de que todos os números a, b, c e d são diferentes.

Solução 2: Defina $g(x) = f(x)-2$, então a, b, c são raízes de g, logo $g(x) = (x-a)(x-b)(x-c)h(x)$. Se $n \in \mathbb{Z}$ tal que $f(n) = 3$, então,

$$1 = g(n) = (n-a)(n-b)(n-c)h(n).$$

Daí, $n-a, n-b, n-c \in \{\pm 1\}$ e pelo menos dois devem ser iguais. □

6.

Solução: Existem 11 possíveis restos na divisão por 11. Como são 12 números, dois deles deixam o mesmo resto quando divididos por 11. A diferença deles sendo divisível por 11, não pode ser zero pois todos são distintos. Logo esta diferença, sendo um número de 2 dígitos, deve ter dígitos iguais. □

7.

Solução: Considere os restos da divisão por b dos seguintes números:

$$a, 2a, 3a, \ldots, (b-1)a.$$

O resto 0 não ocorre e na ausência do 1 teríamos $pa \equiv qa \pmod{b}$ para p e q distintos $0 < q < p$. Isto implicaria que $b \mid (p-q)a$. Como $(a, b) = 1$ teríamos $b \mid (p-q)$, uma contradição pois $0 < p, q < b$. Portanto, existe x tal que $xa \equiv 1 \pmod{b}$ isto é $ax = by + 1$ para algum y. □

8.

Solução: Considere que qualquer quadrado $n \times n$ evita torres. Existem $n-1$ linhas verticais e $n-1$ linhas horizontais onde deverão estar as $2n-1$ torres. Como cada uma destas $2n-2$ linhas tem apenas uma torre isto é impossível pelo *Princípio da casa dos pombos.* □

9.

Solução: Existem 1997 possíveis restos na divisão por 1997. Considere a sequência,

$$1, 3, 3^2, \ldots, 3^{1997}.$$

Logo pelo *Princípio da casa dos pombos* duas delas, digamos 3^n e 3^m $(n > m)$ deixam o mesmo resto quando divididos por 1997. Portanto, a diferença $(3^n - 3^m)$ é divisível por 1997. □

10.

Solução: Seja a_i o número total de aspirinas consumidas até o i-ésimo dia. Considere esses números juntamente com os seguintes 30 números:

$$a_1 + 14, a_2 + 14, \ldots, a_{30} + 14.$$

Temos, portanto, 60 inteiros positivos todos menores do que ou iguais a $45 + 14 = 59$. Logo dois deles são iguais. Isto é, $a_j = a_i + 14$ para algum $i < j$. Lembre-se de que $a_i \neq a_j$. Logo, dentre os dias $i+1$ e j a pessoa consome exatamente 14 aspirinas. □

2.4 Funções Aritméticas

Problemas suplementares referentes ao Capítulo 4

1. Encontre todos os $n \in \mathbb{N}$ tais que $\tau(n) + \tau(n+1) = 5$.

2. Existe número perfeito da forma p^k, com p primo e $k \geq 1$?

3. Prove que se n é composto, então $\sigma(n) \geq n + \sqrt{n} + 1$.

4. Encontre todos os números perfeitos da forma pq onde p e q são primos distintos.

5. Prove que se n é perfeito, então
$$\sum_{d|n} \frac{1}{d} = 2.$$

6. Mostre que um divisor próprio (i.e., $d \mid n$ mas $d \neq n$) de um número perfeito não pode ser perfeito.

7. Existe número natural n tal que $\phi(n) = \frac{n}{2}$?

8. Existe número natural n tal que $\phi(n) = \frac{n}{5}$?

9. Mostre que existem infinitos números naturais n, tais que $100 \mid \phi(n)$.

10. Prove que existem infinitos números (que não contêm o zero na sua expansão decimal) que são divisíveis pela soma de seus dígitos.

11. Um número l é chamado ponto fixo de uma função $f : A \to B$ se $f(l) = l$. Encontre todos os pontos fixos das funções $\tau(n)$, $\sigma(n)$, $\phi(n)$ e $\mu(n)$.

12. Encontre todos os números naturais tais que $\phi(n) = 6$.

13. Mostre que para todo $k \geq 1$, existem $n_1, \ldots, n_k$ consecutivos tais que $\mu(n_1) = \mu(n_2) = \cdots = \mu(n_k) = 0$.

14. Mostre que se $\tau(n)$ é ímpar então n é quadrado perfeito.

15. Prove que se $\sigma(q) = q + k$, onde $k \mid q$ e $k < q$ então $k = 1$.

16. Defina, para $k \geq 1$, a função $\sigma_k(n) = \sum_{d|n} d^k$. Prove que $\sigma_{-k}(n) = n^{-k}\sigma_k(n)$.

17. Se $n = {p_1}^{\alpha_1} \ldots {p_k}^{\alpha_k}$ com $\alpha_i \geq 1$, o número $\omega(n) = k$ é assim definido como o número de fatores primos distintos de n. Prove que $\sum_{d|n} \mid \mu(d) \mid = 2^{\omega(n)}$.

18. Mostre que se $\sigma(n)$ é ímpar, então n é quadrado ou o dobro de um quadrado.

19. Prove que, para todo $n \geq 1$,
$$\frac{\sigma(n)}{\tau(n)} \geq \sqrt{n}.$$

20. Prove que $\sigma(n) < n\tau(n)$, para todo $n > 1$.

2.4.1 Solução dos Problemas Suplementares

1.

Solução: Temos que $\tau(m)$ é sempre maior ou igual a 2, valendo a igualdade se, e somente se, m é primo. Se m não é primo, então $\tau(m) \geq 4$ (se ele tem pelo menos dois fatores primos) e $\tau(n) \geq 3$ (se ele é potência de um primo). Como queremos $\tau(n) + \tau(n+1) = 5$, então um dentre $n, n+1$ é primo e o outro é quadrado de um primo. Se n é primo, então $n + 1 = p^2$ e logo $n = p^2 - 1 = (p-1)(p+1)$ implicando $p = 2$ e portanto $n = 3$. Se $n = p^2$, então $n + 1 = p^2 + 1$ também é primo e assim $p = 2$ e $n = 4$. Logo as únicas soluções são $n = 3$ e 4. □

2.

Solução: A resposta é não! Suponha que $\sigma(p^k) = 2p^k$. Como $\sigma(p^k) = \frac{p^{k+1}-1}{p-1}$, então $p^{k+1} - 1 = 2p^k(p-1)$ e daí p dividiria 1 o que é absurdo. □

3.

Solução: Seja $d \neq 1$ divisor de n com $d \leq \sqrt{n}$. Como $n/d \neq 1$ também é divisor de n e $n/d \geq \sqrt{n}$, então

$$\sigma(n) \geq 1 + \frac{n}{d} + n \geq 1 + \sqrt{n} + n.$$

□

4.

Solução: Queremos resolver $\sigma(pq) = 2pq$. Como $\mathrm{mdc}(p, q) = 1$ e σ é multiplicativa, então $\sigma(pq) = \sigma(p)\sigma(q) = (p + 1)(q + 1)$ e logo $pq = p + q + 1$. Agora podemos proceder de duas maneiras.

Solução 1: $pq = p+q+1 \Rightarrow p(q-1) = q+1 \Rightarrow p = \frac{q+1}{q-1}$ e logo $q-1 \mid q+1$. Mas $(q-1, q+1) = 1$ ou 2 (Prove isto!). Daí

$$q - 1 = (q - 1, q + 1) = 1 \text{ ou } 2$$

assim $q - 1 \in \{1, 2\}$ e, portanto, $q = 2$ (e logo $p = 3$) ou $q = 3$ (e logo $p = 2$). Portanto, 6 é o único número perfeito dessa forma.

Solução 2: Suponha, sem perda de generalidade, que $p < q$. Note que a relação $pq = p + q + 1$ implica que $q \mid p + 1$. Em particular temos $p < q \leq p + 1$. Logo $q = p + 1$, mas os únicos primos consecutivos são 2 e 3 (Pense nisso!) logo $pq = 6$. □

5.

Solução: Usaremos que $\{d : d \mid n\} = \{\frac{n}{d} : d \mid n\}$. Logo os dois conjuntos têm a mesma soma de elementos, isto é,

$$\sum_{d|n} d = \sum_{d|n} \frac{n}{d}.$$

Mas $\sum_{d|n} d = 2n$ (pois n é perfeito) e daí

$$2n = \sum_{d|n} \frac{n}{d} = n \sum_{d|n} \frac{1}{d} \Rightarrow \sum_{d|n} \frac{1}{d} = 2.$$

□

6.

Solução: Suponha, por absurdo, que d e n são números perfeitos distintos com $d \mid n$. Pelo Problema 3, $\sum_{k|n} \frac{1}{k} = \sum_{l|d} \frac{1}{l} = 2$. Mas, $d \mid n$, $d \neq n$, implica que $\{l : l \mid d\} \not\subseteq \{k : k \mid n\}$, isto é,

$$\sum_{k|n} \frac{1}{k} > \sum_{l|d} \frac{1}{l}$$

o que é um absurdo! □

7.

Solução: Sim! Basta tomar $n = 2^k$, $k \geq 1$. Pois $\phi(2^k) = 2^k - 2^{k-1} = 2^{k-1}$. □

8.

Solução: Suponha que sim e seja $n = {p_1}^{\alpha_1}{p_2}^{\alpha_2} \ldots {p_k}^{\alpha_k}$ sua fatoração com $p_1 < p_2 < \cdots < p_k$. Daí

$$\phi(n) = {p_1}^{\alpha_1 - 1}{p_2}^{\alpha_2 - 1} \ldots {p_k}^{\alpha_k - 1}(p_1 - 1)(p_2 - 1) \ldots (p_k - 1)$$

e então

$$5{p_1}^{\alpha_1 - 1}{p_2}^{\alpha_2 - 1} \ldots {p_k}^{\alpha_k - 1}(p_1 - 1)(p_2 - 1) \ldots (p_k - 1) = {p_1}^{\alpha_1}{p_2}^{\alpha_2} \ldots {p_k}^{\alpha_k}$$

implicando em

$$5(p_1 - 1)(p_2 - 1) \ldots (p_k - 1) = p_1 p_2 \ldots p_k.$$

Logo $5 \mid p_1 p_2 \ldots p_k$ e, portanto, sem perda de generalidade, podemos supor que $p_1 = 5$. Daí,

$$4(p_2 - 1) \ldots (p_k - 1) = p_2 \ldots p_k$$

implicando no absurdo de $4 \mid p_2 \ldots p_k$ (relembre que $p_2, \ldots, p_k$ são distintos). Portanto, a resposta é não. □

9.

Solução: O número 101 é primo! (Prove isso!). Portanto, se $p \neq 101$ é primo, então $100 \mid \phi(101p) = \phi(101)\phi(p) = 100(p - 1)$. Resultado segue-se pela infinitude dos primos. □

10.

Solução: Afirmamos que isso é verdade para $N_k = (10^{3^k} - 1)/9$ para todo $k \geq 1$, ou seja, vale que $3^k = S(N_k) \mid N_k$, para todo $k \geq 1$. Provaremos esse fato por indução sobre k. Para $k = 1$, temos que $(3^3 - 1)/9 = 3 \cdot 37$. Suponha que $(3^{3^k} - 1)/9 \equiv 0 \pmod{3^k}$, ou equivalentemente, que $10^{3^k} \equiv 1 \pmod{3^{k+2}}$. Daí, $10^{3^k} = 1 + t3^{k+2}$ e assim

$$10^{3^{k+1}} = (1 + t3^{k+2})^3 \equiv 1 \pmod{3^{k+1}},$$

como queríamos. □

11.

Solução: Claramente 1 é ponto fixo dessas funções. Afirmamos que $n > 1$, então n não é ponto fixo de,

i) $\sigma(n)$ pois $\sigma(n) \geq n + 1$, se $n > 1$.

ii) $\phi(n)$ pois $\phi(n) \leq n - 1$, se $n > 1$.

iii) $\mu(n)$ pois $|\mu(n)| \in \{0,1\}$.

iv) Caso de $\tau(n)$, se $n > 1$, então $n = p_1{}^{\alpha_1} p_2{}^{\alpha_2} \dots p_k{}^{\alpha_k}$ com $p_1 < p_2 < \cdots < p_k$ e daí $\tau(n) = n$ implica em $(\alpha_1+1)(\alpha_2+1)\dots(\alpha_k+1) = p_1{}^{\alpha_1} p_2{}^{\alpha_2} \dots p_k{}^{\alpha_k}$.
Se $k \geq 2$ então $p_k > 2$ e, logo, não existe solução pois

$$p_i{}^{\alpha_i} \geq 2^{\alpha_i} \geq \alpha_i + 1$$

se $i \in \{1,2,\dots,k-1\}$, mas $p_k{}^{\alpha_k} > 2^{\alpha_k} \geq \alpha_k + 1$. Assim,

$$p_1{}^{\alpha_1} p_2{}^{\alpha_2} \dots p_k{}^{\alpha_k} > (\alpha_1+1)(\alpha_2+1)\dots(\alpha_k+1).$$

Portanto, $k = 1$ e vemos (Veja!) que $p_1 = 2$. Daí $2^{\alpha_1} = \alpha_1 + 1$ e a única solução é $\alpha_1 = 1$. Portanto, 2 é ponto fixo de τ.

□

12.

Solução: Escreva $n = p_1{}^{\alpha_1} p_2{}^{\alpha_2} \dots p_k{}^{\alpha_k}$ com $p_1 < p_2 < \cdots < p_k$ e $\alpha_i > 0$. Daí $\phi(n) = 6$ implica em,

$$p_1{}^{\alpha_1-1} p_2{}^{\alpha_2-1} \dots p_k{}^{\alpha_k-1}(p_1-1)(p_2-1)\dots(p_k-1) = 6. \tag{2.2}$$

Note que $k \leq 2$. De fato, caso contrário, teríamos pelo menos dois dos primos ímpares dentre $p_1, p_2, \dots, p_k$ e logo $(p_{k-1}-1)(p_k-1)$ seria múltiplo de 4, mas 4 não divide 6.

Caso 1: $k = 1$, ou seja (2.2) se torna,

$$p_1{}^{\alpha_1-1}(p_1-1) = 6 \Rightarrow p_1{}^{\alpha_1-1} \mid 6 = 2 \cdot 3.$$

Logo $\alpha_1 - 1 \leq 1 \Rightarrow \alpha_1 = 1$ ou 2. Se $\alpha_1 = 1$, então $p_1 = 7$ e vale $\phi(7) = 6$. Se $\alpha_1 = 2$, então $p_1(p_1-1) = 6 = 2 \cdot 3 \Rightarrow p_1 - 1 = 2$ e $p_1 = 3$. Ou seja $n = 3^2 = 9$ e vale $\phi(9) = 6$.

Caso 2: $k = 2$, ou seja, (2.2) se torna

$$p_1{}^{\alpha_1-1} p_2{}^{\alpha_2-1}(p_1-1)(p_2-1) = 6.$$

Note que $p_1 - 1 = 1$ (Pense nisso!) e assim $p_1 = 2$. Portanto, $\alpha_1 - 1 = 0$. Caso contrário, $4 \mid p_1^{\alpha_1-1}(p_2-1) \mid 6$. Daí $\alpha_1 = 1$ e ficamos com $p_2^{\alpha_2-1}(p_2-1) = 6$. Distinguindo $\alpha_2 = 1$ ou $\alpha_2 = 2$, obtemos 14 e 18 como soluções, respectivamente. Logo se $\phi(n) = 6$, então $n \in \{7, 9, 14, 18\}$. □

13.

Solução: Sejam $p_1, p_2, \dots p_k$, primos distintos. Logo o sistema,

$$\begin{cases} x \equiv -1 \pmod{p_1^2} \\ x \equiv -2 \pmod{p_2^2} \\ \vdots \\ x \equiv -k \pmod{p_k^2} \end{cases}$$

tem solução $x = a$. Daí $p_j^2 \mid a + j \Rightarrow \mu(a+j) = 0$ para todo $1 \leq j \leq k$. □

14.

Solução: Se $n = 1$ o resultado segue. Suponha $n = {p_1}^{\alpha_1}{p_2}^{\alpha_2}\dots{p_k}^{\alpha_k}$ e $\tau(n)$ ímpar. Daí $(\alpha_1 + 1)(\alpha_2+1)\cdots(\alpha_k+1)$ é ímpar o que implica α_i+1 ímpar, logo α_i é par para todo $i \in \{1,\dots,k\}$. Assim, $\alpha_i = 2\beta_i$ e, portanto, $n = \left({p_1}^{\beta_1}{p_2}^{\beta_2}\dots{p_k}^{\beta_k}\right)^2$. □

15.

Solução: Denote $\mathcal{D}^+(x) = \{d > 0 : d \mid x\}$. Suponha que $k > 1$, então $\mathcal{D}^+(q) = \{d_1,\dots,d_s\}$ e $\mathcal{D}^+(k) = \{d_1,\dots,d_l\}$ com $s < l$, $d_1 = 1$, $d_s = q$ e $d_l = k$. Dai $\sigma(q) = q + k$ implica

$$q + k = d_1 + \cdots + d_l + \cdots + d_s \Rightarrow q + k = 1 + \cdots + k + \cdots + q$$

assim,

$$0 = 1 + \ \text{(soma de termos não negativos)}$$

o que é absurdo. Logo $k = 1$. □

16.

Solução: Queremos provar que $n^k\sigma_{-k}(n) = \sigma_k(n)$. Temos,

$$n^k\sigma_{-k}(n) = n^k\sum_{d|n}\frac{1}{d^k} = \sum_{d|n}\left(\frac{n}{d}\right)^k = \sum_{d|n}d^k = \sigma_k(n),$$

onde usamos que $\{d : d \mid n\} = \{\frac{n}{d} : d \mid n\}$. □

17.

Solução: Se uma função f é multiplicativa, então $\mid f \mid$ também é (Prove isso!). Daí $\mid \mu \mid$ é multiplicativa e, portanto, $\sum_{d|n} \mid \mu(d) \mid$ também o é. Sendo assim, basta mostrarmos a identidade para quando n é potência de um número primo. Se $n = p^k$, com p primo e $k \geq 2$, então $\mathcal{D}^+(p^k) = \{1,p,\dots,p^k\}$ e $\mu(p^j) = 0$ se $j \geq 2$. Daí,

$$\sum_{d|p^k} \mid \mu(d) \mid = \mid \mu(1) \mid + \mid \mu(p) \mid = \mid 1 \mid + \mid -1 \mid = 2 = 2^{\omega(p^k)},$$

provando, assim, o resultado. □

18.

Solução: Observe que

$$\sigma(2^k) = 1 + 2 + \cdots + 2^k$$

é sempre ímpar.

Se $p > 2$ é primo, então

$$\sigma(p^k) = 1 + \underbrace{p + \cdots + p^k}_{\substack{\text{soma de} \\ k \text{ impares}}}$$

ímpar implica k par.

Suponha que $\sigma({p_1}^{\alpha_1}{p_2}^{\alpha_2}\dots{p_k}^{\alpha_k})$ é ímpar, com $p_1 < p_2 < \cdots < p_k$.
Logo $\sigma({p_1}^{\alpha_1}), \sigma({p_2}^{\alpha_2}), \dots \sigma({p_k}^{\alpha_k})$ são ímpares. Pela observação anterior, temos que $\alpha_2,\dots,\alpha_k$ são números pares e,

$$\alpha_1 \text{ é } \begin{cases} \text{par, se } p_1 > 2; \\ \text{par ou ímpar, se } p_1 = 2. \end{cases}$$

Se $p_1 > 2$, então $\alpha_1, \alpha_2, \ldots \alpha_k$ são pares e logo ${p_1}^{\alpha_1}{p_2}^{\alpha_2}\ldots{p_k}^{\alpha_k}$ é quadrado. O mesmo acontece se $p_1 = 2$ e α_1 é par. Se $p_1 = 2$ e α_1 é ímpar, digamos, $\alpha_1 = 2\alpha + 1$, então

$${p_1}^{\alpha_1}{p_2}^{\alpha_2}\ldots{p_k}^{\alpha_k} = 2 \underbrace{(2^{\alpha})^2{p_2}^{\alpha_2}\ldots{p_k}^{\alpha_k}}_{\substack{\text{quadrado pois} \\ \alpha_i \text{ é par para } 1 \le i \le k}} .$$

□

19.

Solução: Sejam $d_1, \ldots, d_{\tau(n)}$ os divisores positivos de n, então eles podem ser reescritos como $n/d_1, \ldots, n/d_{\tau(n)}$. Portanto,

$$\begin{aligned} (\sigma(n))^2 &= (d_1 + \cdots + d_{\tau(n)})(n/d_1 + \cdots + n/d_{\tau(n)}) \\ &= n(d_1 + \cdots + d_{\tau(n)})(1/d_1 + \cdots + 1/d_{\tau(n)}) \\ &\ge n(\tau(n))^2, \end{aligned}$$

onde usamos a desigualdade entre as médias aritmetica e harmônica[2]. □

20.

Solução: Temos que $\sigma(n) = \sum_{d|n} d = \sum_{d|n} n/d = n\sum_{d|n} 1/d$. Como $d \ge 1$ e existe um divisor > 1 (o próprio n, por exemplo), então $1/d \ge 1$, com $1/n < 1$. Logo $\sigma(n) < n\sum_{d|n} 1 = n\tau(n)$. □

2.5 Resíduos Quadráticos

Problemas suplementares referentes ao Capítulo 5

1. Mostrar que 9239 divide $2^{4619} - 1$.

2. Mostrar que $(1!)^2 + (2!)^2 + \cdots + (n!)^2$ nunca é um quadrado perfeito onde n é um inteiro maior do que 1.

3. Encontrar as soluções para a congruência $2x^2 + 3x + 1 \equiv 0 \pmod 7$.

4. Se p é um primo ímpar e $a^p \equiv b^p \pmod p$ mostrar que $a \equiv b \pmod{p^2}$.

5. Sendo p um primo da forma $24k + 1$, é verdade que,
$$\left(\frac{3}{p}\right) = 1?$$

6. Verificar se a congruência $x^2 \equiv 2 \pmod{231}$ possui solução. Caso possua quais são as soluções? Caso não possua explicar o porquê.

---

[2] $\frac{x_1 + \cdots + x_n}{n} \ge \frac{n}{\frac{1}{x_1} + \cdots + \frac{1}{x_n}}$

7. Mostrar que a afirmação dada na *lei de Reciprocidade Quadrática* pode ser escrita (como Gauss fez) como

$$\left(\frac{p}{q}\right) = \left(\frac{(-1)^{\frac{q-1}{2}} q}{p}\right).$$

8. Existem um inteiro positivo n e um número primo p da forma $p = 100k + 3$ tal que $p \mid n^2 + 1$? Explicar.

9. Seja p um primo ímpar. Mostrar que $x^2 \equiv 2 \pmod{p}$ tem solução se, e somente se, $p \equiv 1 \pmod{8}$ ou $p \equiv 7 \pmod{8}$. Usando este resultado provar que

$$2^{4n+3} \equiv 1 \pmod{8n+7}$$

para todo inteiro $n \geq 0$. Em particular encontrar um divisor próprio do número de Mersenne $2^{131} - 1$.

10. Dizer se são solúveis as seguintes congruências:

(a) $x^2 \equiv 15 \pmod{89}$

(b) $x^2 \equiv 12 \pmod{2989}$

11. Calcular os seguintes símbolos de Jacobi.

(a) $\left(\frac{21}{221}\right)$

(b) $\left(\frac{215}{253}\right)$

(c) $\left(\frac{631}{1099}\right)$

(d) $\left(\frac{1050}{1573}\right)$

(e) $\left(\frac{89}{197}\right)$

12. Provar que 19 não divide $4n^2 + 4$ para todo inteiro $n \geq 0$.

13. Mostrar que 3 é resíduo quadrático módulo p (primo ímpar) se, e somente se, p é da forma $12k+1$ ou $12k - 1$.

14. Mostrar que se um número de *Fermat* F_n, $n \geq 1$, é primo então,

$$3^{\frac{F_n - 1}{2}} \equiv -1 \pmod{F_n}.$$

15. Encontrar todos os números primos p tais que os correspondentes números $5p + 1$ são quadrados perfeitos.

16. Mostre que existem infinitos n tais que $n^2 + 1$ não divide $n!$.

2.5.1 Solução dos Problemas Suplementares

1.

Solução: Como $9239 \equiv 7 \pmod 8$, temos que $\left(\frac{2}{9239}\right) = 1$. Pelo critério de Euler temos que

$$1 = \left(\frac{2}{9239}\right) \equiv 2^{4619} \pmod{9239}$$

e, portanto, $9239 \mid 2^{4619} - 1$. □

2.

Solução: Seja $M = (1!)^2 + (2!)^2 + \cdots + (n!)^2$. Então

$$N \equiv (1!)^2 + (2!)^2 + (3!)^2 + (4!)^2 \equiv 617 \equiv 2 \pmod 5.$$

Se existe um inteiro m tal que $m^2 = M$, então $m^2 \equiv 2 \pmod 5$ e como $\left(\frac{2}{5}\right) = -1$, concluímos que 2 não é resíduo quadrático módulo 5. Portanto, não existe nenhum inteiro positivo m tal que $m^2 = M$. □

3.

Solução: Multiplicando por 8 a expressão $2x^2 + 3x + 1 \equiv 0 \pmod 7$ temos,

$$16x^2 + 24x + 8 \equiv 0 \pmod 7 \iff 16x^2 + 24x + 9 \equiv 1 \pmod 7$$

mas,

$$16x^2 + 24x + 9 \equiv 1 \pmod 7 \iff (4x+3)^2 \equiv 1 \pmod 7 \iff y^2 \equiv 1 \pmod 7.$$

Esta congruência tem solução para $y \equiv 1 \pmod 7$ e $y \equiv 6 \pmod 7$. Para obtermos os valores correspondentes para x, resolvemos separadamente as congruências

$$4x + 3 \equiv 1 \pmod 7 \quad \text{e} \quad 4x + 3 \equiv 6 \pmod 7$$

cujas soluções são

$$x \equiv 3 \pmod 7 \quad \text{e} \quad x \equiv 6 \pmod 7.$$

□

4.

Solução: Pelo *Teorema de Fermat* $a^p \equiv a \pmod p$ e $b^p \equiv b \pmod p$. Como $a^p \equiv b^p \pmod p$ temos $a \equiv b \pmod p$. Logo $a = b + pr$ para algum inteiro r e, pelo teorema binomial

$$a^p = (b+pr)^p = b^p + \binom{p}{1} b^{p-1}(pr) + \binom{p}{2} b^{p-2}(pr)^2 + \cdots + (pr)^p = b^p + p^2 q.$$

Como q é um inteiro, todos os termos após o primeiro são divisíveis por p^2, o resultado segue. □

5.

Solução: Sim, uma vez que

$$\left(\frac{3}{p}\right) = \left(\frac{p}{3}\right)(-1)^{\left(\frac{p-1}{2}\right)\left(\frac{3-1}{2}\right)} = \left(\frac{p}{3}\right) = \left(\frac{1}{3}\right) = 1.$$

□

6.

Solução: A resposta é negativa. Como $231 = 3 \cdot 7 \cdot 11$ para que a congruência

$$x^2 \equiv 2 \pmod{231}$$

tenha solução, teria que ter solução cada uma das seguintes congruências,

$$x^2 \equiv 2 \pmod{3}, \quad x^2 \equiv 2 \pmod{7} \quad \text{e} \quad x^2 \equiv 2 \pmod{11}.$$

Mas a primeira e a terceira destas congruências não possuem solução uma vez que $\left(\frac{2}{3}\right) = -1$ e $\left(\frac{2}{11}\right) = -1$. □

7.

Solução: Como

$$\left(\frac{ab}{p}\right) = \left(\frac{a}{p}\right)\left(\frac{b}{p}\right)$$

podemos escrever,

$$\left(\frac{(-1)^{\frac{q-1}{2}}q}{p}\right) = \left(\frac{(-1)^{\frac{q-1}{2}}}{p}\right)\left(\frac{q}{p}\right).$$

Usando a mesma identidade temos,

$$\left(\frac{(-1)^{\frac{q-1}{2}}q}{p}\right) = \left(\frac{-1}{p}\right)^{\frac{q-1}{2}} = (-1)^{\left(\frac{p-1}{2}\right)\left(\frac{q-1}{2}\right)}.$$

o que nos fornece o resultado. □

8.

Solução: A resposta é não, uma vez que, sendo $p = 100k + 3 \equiv 3 \pmod{4}$ a congruência $x^2 \equiv -1 \pmod{p}$ não possui solução. □

9.

Solução: Temos que,

$$\left(\frac{2}{p}\right) = (-1)^{\frac{p^2-1}{8}} = 1 \iff p \equiv \pm 1 \pmod{8} \iff x^2 \equiv 2 \pmod{p} \quad \text{têm solução.}$$

Como

$$\left(\frac{2}{p}\right) = 2^{\frac{p-1}{2}} \equiv 1 \pmod{p}$$

temos,

$$2^{4n+3} \equiv 1 \pmod{8n+7}.$$

Isto mostra que 263 é um divisor do número de Mersenne $2^{131} - 1$. □

10.

Solução:

(a) Claramente temos,

$$\left(\frac{15}{89}\right) = \left(\frac{3}{89}\right)\left(\frac{5}{89}\right) = \left(\frac{89}{3}\right)\left(\frac{89}{5}\right) = \left(\frac{2}{3}\right)\left(\frac{4}{5}\right) = (-1)(1) = -1$$

e, portanto, o item (a) não possui nenhuma solução.

(b) Como $2989 = 7^2 \cdot 61$ a congruência $x^2 \equiv 12 \pmod{2989}$ possui solução se, e somente se,

$$x^2 \equiv 12 \pmod 7 \quad \text{e} \quad x^2 \equiv 12 \pmod{61}$$

possuem solução. Como

$$\left(\frac{12}{7}\right) = \left(\frac{4}{7}\right)\left(\frac{3}{7}\right) = \left(\frac{3}{7}\right) = \left(\frac{-7}{3}\right) = -\left(\frac{1}{3}\right) = -1$$

e,

$$\left(\frac{12}{61}\right) = \left(\frac{4}{61}\right)\left(\frac{3}{61}\right) = \left(\frac{3}{61}\right) = \left(\frac{61}{3}\right) = \left(\frac{1}{3}\right) = 1$$

concluímos que $x^2 \equiv 12 \pmod{2989}$ não tem solução. □

11.

Solução:

(a)

$$\left(\frac{21}{221}\right) = \left(\frac{3}{221}\right)\left(\frac{7}{221}\right) = \left(\frac{3}{17}\right)\left(\frac{3}{13}\right)\left(\frac{7}{17}\right)\left(\frac{7}{13}\right) = (-1)(1)(-1)(-1) = -1.$$

(b)

$$\left(\frac{215}{253}\right) = \left(\frac{43}{23}\right)\left(\frac{43}{11}\right)\left(\frac{5}{23}\right)\left(\frac{5}{11}\right) = (-1)(-1)(-1)(1) = -1.$$

(c)

$$\left(\frac{631}{1099}\right) = \left(\frac{631}{157}\right)\left(\frac{631}{7}\right) = \left(\frac{3}{157}\right)\left(\frac{1}{7}\right) = \left(\frac{1}{3}\right) = 1.$$

(d)

$$\left(\frac{1050}{1573}\right) = \left(\frac{2}{11}\right)^2\left(\frac{2}{13}\right)\left(\frac{525}{11}\right)\left(\frac{525}{13}\right) = (1)(-1)(1)\left(\frac{5}{13}\right) = 1.$$

(e)

$$\left(\frac{89}{197}\right) = \left(\frac{197}{89}\right) = \left(\frac{19}{89}\right) = \left(\frac{89}{19}\right) = \left(\frac{13}{19}\right) = \left(\frac{19}{13}\right) =$$

$$= \left(\frac{6}{13}\right) = \left(\frac{2}{13}\right)\left(\frac{3}{13}\right) = (1)(-1) = -1.$$

□

12.

Solução: Se $4n^2 + 4 \equiv 0 \pmod{19}$ então $4n^2 \equiv -4 \pmod{19}$ e, portanto, $n^2 \equiv -1 \pmod{19}$ o que é impossível sendo $\left(\frac{-1}{19}\right) = -1$. □

13.

Solução: Pela lei da reciprocidade quadrática de Gauss temos que

$$\left(\frac{3}{p}\right)\left(\frac{p}{3}\right) = (-1)^{\frac{p-1}{2}}.$$

Consideramos os dois casos possíveis

(i) $p \equiv 1 \pmod 3$. Logo p é resíduo quadrático módulo 3 pelo critério de Euler e, portanto, 3 será resíduo quadrático módulo p se, e somente se, $(-1)^{\frac{p-1}{2}} = 1$, isto é, quando $p \equiv 1 \pmod 4$ o que significa $p \equiv 1 \pmod{12}$.

(ii) $p \equiv -1 \pmod 3$. Neste caso $\left(\frac{p}{3}\right) = -1$, logo

$$\left(\frac{3}{p}\right) = 1 \iff (-1)^{\frac{p-1}{2}} = -1$$

ou seja, $p \equiv -1 \pmod 4$ o que implica $p \equiv -1 \pmod{12}$ como queríamos. □

14.

Solução: É fácil mostrar que para $n \geq 1$, $F_n \equiv 2 \pmod 3$. Vamos supor F_n primo. Logo, pela Lei da reciprocidade de Gauss, temos

$$\left(\frac{3}{F_n}\right)\left(\frac{F_n}{3}\right) = (-1)^{\left(\frac{3-1}{2}\right)\left(\frac{F_n-1}{2}\right)} = 1$$

ou

$$\left(\frac{3}{F_n}\right)\left(\frac{2}{3}\right) = 1.$$

Como $\left(\frac{2}{3}\right) = -1$ logo $\left(\frac{3}{F_n}\right) = -1$ e pelo critério de Euler temos

$$3^{\frac{F_n-1}{2}} \equiv -1 \pmod{F_n}.$$

□

15.

Solução: Considerando $5p + 1 = a^2$ temos $a^2 \equiv 1 \pmod 5$. Desta forma $5p = (a-1)(a+1)$ o que possui solução somente se $a = 6$ ou $a = 4$. Logo, os possíveis primos são $p = 7$ e $p = 3$. □

Solução: Seja $p \equiv 1 \pmod 4$ um número primo. Logo -1 é resíduo quadrático módulo p, isto é, existe n tal que $n^2 \equiv -1 \pmod p$. Daí $p \mid n^2 + 1$ e logo $n > p$. Assim $p \nmid n!$ e, portanto, $n^2 + 1 \nmid n!$. A infinitude dos n's segue-se da infinitude dos primos da forma $4k + 1$. □

2.6 Raízes Primitivas

Problemas suplementares referentes ao Capítulo 6

1. Se $ord_m a = h$, $ord_m b = k$ e $(h, k) = 1$, então $ord_m ab = hk$.

2. Suponha que $ord_p a = h$ com p primo e h par. Prove que $a^{\frac{h}{2}} \equiv -1 \pmod p$.

3. Mostre que se a e b são raízes primitivas módulo $p > 2$ primo, então ab não é raiz primitiva módulo p.

4. Se $a^h \equiv 1 \pmod p$, p primo, mostre que $a^{ph} \equiv 1 \pmod{p^2}$.

5. Mostre que se a é raiz primitiva módulo p^2, então também é raiz primitiva módulo p.

6. Prove que se $ord_pa = 3$, então $ord_p(1 + a) = 6$, p primo ímpar

7. Sejam $a, p \in \mathbb{Z}$ com p primo e $(a,p) = 1$. Seja $\overline{a}$ o inverso de a módulo p. Suponha que g é raiz primitiva módulo p e que $a \equiv g^i \pmod{p}$, $0 \leq i < p - 1$. Mostre que $\overline{a} \equiv g^{p-1-i} \pmod{p}$.

8. Suponha que g é raiz primitiva módulo p. Mostre que $g^{\frac{p(p-1)}{2}} \equiv (p-1)! \pmod{p}$.

9. Use o exercício anterior para dar uma outra demonstração para o *Teorema de Wilson.*

10. Se p é primo e $(a,p) = 1$, então a congruência $x^n \equiv a \pmod{p}$ tem $(n, p-1)$ soluções ou nenhuma solução de acordo com,

$$a^{\frac{p-1}{(n,p-1)}} \equiv 1 \pmod{p}$$

ou não.

11. Mostre que a congruência $x^5 \equiv 6 \pmod{101}$ tem 5 soluções.

12. Mostre que se a expansão decimal de $\frac{1}{p}$ tem período $p - 1$, então 10 é raiz primitiva módulo p.

2.6.1 Solução dos Problemas Suplementares

1.

Solução: Seja $r = ord_m ab$. Como $(ab)^{hk} \equiv (a^h)^k(b^k)^h \equiv 1 \pmod{m}$ então $r \mid hk$. Mostraremos que $hk \mid r$, completando assim a demonstração. Note que $b^{rh} \equiv (a^h)^r b^{rh} \equiv (ab)^{rh} \equiv 1 \pmod{m}$ e assim $k \mid rh$. Como $(k,h) = 1$, então $k \mid r$. Do mesmo modo, mostramos que $h \mid r$. Portanto, como $(h,k) = 1$ temos que $hk \mid r$. □

2.

Solução: Como $ord_pa = h$, então $p \mid a^h - 1 = (a^{\frac{h}{2}} - 1)(a^{\frac{h}{2}} + 1)$. Como $a^{\frac{h}{2}} \not\equiv 1 \pmod{p}$ (pois $ord_pa = h$), então p não divide $a^{\frac{h}{2}} - 1$ e logo divide $a^{\frac{h}{2}} + 1$. Assim $a^{\frac{h}{2}} \equiv -1 \pmod{p}$. □

3.

Solução: Pelo critério de *Euler*, temos que

$$(ab)^{\frac{p-1}{2}} \equiv \left(\frac{ab}{p}\right) \equiv \left(\frac{a}{p}\right)\left(\frac{b}{p}\right) \pmod{p}$$

Como $ord_pa = ord_pb = p - 1$, então $a^{\frac{p-1}{2}} \equiv b^{\frac{p-1}{2}} \equiv -1 \pmod{p}$ e logo,

$$\left(\frac{a}{p}\right) = \left(\frac{b}{p}\right) = -1.$$

Daí $(ab)^{\frac{p-1}{2}} \equiv (-1)(-1) \equiv 1 \pmod{p}$. Daí, $ord_p(ab) \mid \frac{p-1}{2} < p$. □

4.

Solução: Temos que $a^h = 1 + kp$, para algum $k \in \mathbb{Z}$. Daí

$$a^{ph} = (1 + kp)^p = 1 + \sum_{j=1}^{p} \binom{p}{j}(kp)^j.$$

Como $j \geq 1$ e $p \mid \binom{p}{1}$, então $p^2 \mid \sum_{j=1}^{p} \binom{p}{j}(kp)^j$, implicando em $a^{ph} \equiv 1 \pmod{p^2}$.

□

5.

Solução: Sabemos que $a^{p-1} \equiv 1 \pmod p$ e, portanto, $t = ord_p a \mid p-1$. Como $a^t \equiv 1 \pmod p$, usamos o Exercício 4 para obter $a^{pt} \equiv 1 \pmod{p^2}$. Logo $\phi(p^2) = ord_{p^2} a \mid pt$. Como $\phi(p^2) = p(p-1)$, então $p-1 \mid t$. Logo $p-1 = t = ord_p a$ como queríamos. □

6.

Solução: Temos $a^3 \equiv 1 \pmod p$ e, portanto, $p \mid a^3 - 1 = (a-1)(1+a+a^2)$. Daí, $p \mid 1+a+a^2$. Usando esse fato com $a^3 \equiv 1 \pmod p$, obtemos

$$(1+a)^6 \equiv 1 + 6a + 15a^2 + 20a^3 + 15a^4 + 6a^5 + a^6 \equiv$$

$$\equiv 1 + 6a + 15a^2 + 20 + 15a + 6a^2 + 1 \equiv$$

$$\equiv 1 + 21(1+a+a^2) \equiv 1 \pmod p.$$

Por outro lado, basta provarmos que $(1+a)^k \not\equiv 1 \pmod p$, se $k = 1, 2$ ou 3. De fato, se

(i) $1 + a \equiv 1 \pmod p$, então $p \mid a$ o que implicaria $p \mid 1$.

(ii) $(1+a)^2 \equiv 1 \pmod p$ então $1 + 2a + a^2 \equiv 1 \pmod p$ e logo $a + (1+a+a^2) \equiv 1 \pmod p$. Assim, $a \equiv 1 \pmod p$ contrariando $ord_p a = 3$.

(iii) $(1+a)^3 \equiv 1 \pmod p$ então $a^3 + 3a^2 + 3a + 1 \equiv 1 \pmod p$. Mas $a^3 \equiv 1 \pmod p$ e daí $3a^2 + 3a + 2 \equiv 1 \pmod p$ logo $3(a^2+a+1) \equiv 2 \pmod p$. Como $p \mid a^2+a+1$, então $p \mid 2$ o que contradiz o fato de p ser ímpar. Logo $ord_p(1+a) = 6$.

□

7.

Solução: Temos que $a\overline{a} \equiv 1 \pmod p$ e $a \equiv g^i \pmod p$. Daí, $g^i\overline{a} \equiv 1 \pmod p$. Mas $(g,p) = 1$ e pelo *Pequeno Teorema de Fermat* $g^{p-1} \equiv 1 \pmod p$. Assim, $g^i\overline{a} \equiv g^{p-1} \pmod p$ e logo $\overline{a} \equiv g^{p-1-i} \pmod p$ (onde usamos que $(g,p) = 1$). □

8.

Solução: Como $ord_p g = p-1$, então $g, g^2, \ldots, g^{p-1}$ formam um sistema reduzido de resíduos módulo p (pois eles são incongruentes módulo p e $\phi(p) = p-1$). Logo todo número $j \in \{1, \ldots, p-1\}$ é representado por g^i para algum $1 \le i \le p-1$. Daí

$$(p-1)! \equiv g^1 g^2 \ldots g^p \equiv g^{\frac{p(p-1)}{2}} \pmod p.$$

□

9.

Solução: Basta-nos mostrar que $g^{\frac{p(p-1)}{2}} \equiv -1 \pmod p$. De fato, como $g^{p-1} \equiv 1 \pmod p$ então $g^{p(p-1)} \equiv 1 \pmod p$. Daí $p \mid \left(g^{\frac{p(p-1)}{2}} - 1\right)\left(g^{\frac{p(p-1)}{2}} + 1\right)$. Suponha que $p \mid g^{\frac{p(p-1)}{2}} - 1$ então $p - 1 = ord_p a \mid p\left(\frac{p-1}{2}\right)$. Como $(p-1, p) = 1$ então $p-1 \mid \frac{p-1}{2}$ o que é absurdo. Logo $p \mid g^{\frac{p(p-1)}{2}} + 1$ implicando $g^{\frac{p(p-1)}{2}} \equiv -1 \pmod p$.

□

10.

Solução: Seja g uma raiz primitiva módulo p, então $g^1, g^2, \dots, g^{p-1}$ formam um sistema reduzido de resíduos módulo p. Logo existe $1 \le i \le p-1$, tal que $g^i \equiv a \pmod{p}$. Se existe $x \in \mathbb{Z}$ tal que $x^n \equiv a \pmod{p}$, então $(x,p) = 1$ e logo $x \equiv g^u \pmod{p}$ para algum $1 \le u \le p-1$. Assim $g^{nu} \equiv g^i \pmod{p}$ e logo $nu \equiv i \pmod{p-1}$. Seja $k = (n, p-1)$. Sabemos que essa equação tem k soluções em u se $k \mid i$ e nenhuma solução se k não divide i. Se $k \mid i$, então $\frac{i(p-1)}{k} \equiv 0 \pmod{p-1}$ e assim $a^{\frac{p-1}{k}} \equiv g^{\frac{i(p-1)}{k}} \equiv (g^{p-1})^{\frac{i}{k}} \equiv 1 \pmod{p}$. Por outro lado, se k não divide i então $\frac{i(p-1)}{k} \not\equiv 0 \pmod{p-1}$ e, portanto, $a^{\frac{p-1}{k}} \equiv g^{\frac{i(p-1)}{k}} \not\equiv 1 \pmod{p}$.

□

11.

Solução: Pelo exercício anterior, basta-nos mostrar que

$$6^{20} \equiv 6^{\frac{100}{(5,100)}} \equiv 1 \pmod{101}.$$

Temos que $6^5 \equiv -1 \pmod{101}$ daí $6^{20} \equiv 1 \pmod{101}$ como queríamos.

□

12.

Solução: Suponha que

$$\frac{1}{p} = 0{,}a_1 \dots a_k\overline{b_1 \dots b_{p-1}}$$

e seja $1 \le t \le p-1$. Então

$$\frac{10^k}{p} = a_1 \dots a_k{,}\overline{b_1 \dots b_{p-1}}$$

e logo

$$\frac{10^{k+t}}{p} = a_1 \dots a_k b_1 \dots b_l{,}b_{l+1} \dots b_{p-1}\overline{b_1 \dots b_{p-1}}.$$

Observe que $\frac{10^{k+t}}{p} - \frac{10^k}{p} \in \mathbb{Z}$ se, e só se, $t = p-1$ e nesse caso, $\frac{10^k}{p}(10^t - 1) \in \mathbb{Z}$ e, portanto, $10^t \equiv 10^{p-1} \equiv 1 \pmod{p}$. Logo $ord_p 10 = p-1$.

□

2.7 Representação de inteiros como soma de quadrados

Problemas suplementares referentes ao Capítulo 7

1. Mostrar que existem infinitos inteiros positivos que não podem ser representados como soma de 2 ou 3 cubos.

2. Mostrar que todo inteiro pode ser escrito como soma de 5 cubos.

3. O menor número $n > 2$ o qual é igual à soma dos fatoriais de seus dígitos na base 15 é 1441 ($1441 = (661)_{15} = 6! + 6! + 1!$). Como se pode achar um outro tal número $n > 2$ sem o uso do computador.

4. Os Egípcios costumavam expressar toda fração (exceto $\frac{2}{3}$) como a soma de frações unitárias, isto é, frações da forma $\frac{1}{n}$ para n um inteiro positivo. Provar o seguinte resultado dado por *Sylvester (1814 -1897)*: Toda fração
$$\frac{n}{m}, \quad n < m, \quad (n,m) = 1$$
pode ser escrita como soma de frações unitárias.

5. Mostrar que a representação dada no exercício anterior não é necessariamente única.

6. Mostrar que se n é da forma $n = 4m + 3$, então $\frac{4}{n}$ é a soma de 3 frações unitárias.

7. Mostrar que nenhum inteiro da forma $4^a(8m + 7)$ é a soma de 3 quadrados.

8. Mostrar que se dois números podem ser representados como soma de dois quadrados, então o produto deles também pode.

9. Mostrar que se dois números possuem representação como soma de 4 quadrados o produto deles também possui.

10. Mostrar que se $n \equiv 7 \pmod 8$ então n não pode ser escrito como a soma de dois quadrados.

2.7.1 Solução dos Problemas Suplementares

1.

Solução: É fácil verificar que para todo inteiro a, temos
$$a^3 \equiv 0{,}1{,}8 \pmod 9.$$
Disto concluímos que para quaisquer inteiros x e y, temos
$$x^3 + y^3 \equiv 0{,}1{,}2{,}7{,}8 \equiv 0, \pm 1, \pm 2 \pmod 9.$$
Isto implica que nem todo inteiro $n \equiv \pm 3, \pm 4 \pmod 9$ pode ser escrito como soma de dois cubos. De forma similar dados inteiros x, y e z temos que
$$x^3 + y^3 + z^3 \equiv 0{,}1{,}2{,}3{,}6{,}7{,}8 \equiv 0, \pm 1, \pm 2, \pm 3 \pmod 9$$
o que implica que nem todo inteiro $n \equiv \pm 4 \pmod 9$ pode ser escrito como soma de 3 cubos. □

2.

Solução: Sendo m um tal inteiro é claro que $k = \frac{m - m^3}{6}$ é um inteiro. Com este k, é fácil ver que
$$m = m^3 + (k+1)^3 + (k-1)^3 + (-k)^3 + (-k)^3.$$
□

3.

Solução: É suficiente considerar o próximo número uma vez que,
$$1442 = (662)_{15} = 6! + 6! + 2!$$
□

4.

Solução: Utilizamos indução. Suponha que o resultado seja verdadeiro para toda fração cujo numerador é menor do que n $(n > 1)$ e considere a fração

$$\frac{n}{m}, \quad n < m, \quad (n, m) = 1.$$

Seja $r \geq 2$ o único inteiro tal que

$$\frac{1}{r} < \frac{n}{m} < \frac{1}{r-1}.$$

Temos, então, que $0 < nr - m < n$. Mas,

$$\frac{n}{m} = \frac{1}{r} + \frac{nr - m}{mr}.$$

Logo, pela hipótese de indução, a fração $\frac{nr-m}{mr}$ é a soma de frações unitárias. Como

$$\frac{1}{r} > \frac{nr - m}{mr}$$

nenhuma destas frações é igual a $\frac{1}{2}$, o que completa a prova. □

5.

Solução: Considere o seguinte contra exemplo:

$$\frac{3}{7} = \frac{1}{3} + \frac{1}{11} + \frac{1}{231} = \frac{1}{4} + \frac{1}{7} + \frac{1}{28}.$$

□

6.

Solução: Basta considerar a seguinte identidade:

$$\frac{4}{4m+3} = \frac{1}{m+2} + \frac{1}{(m+1)(m+2)} + \frac{1}{(m+1)(4m+3)}$$

□

7.

Solução: Suponha que $4^a(8m + 7) = x^2 + y^2 + z^2$ onde $a > 0$, então x, y e z devem ser todos pares. Caso contrário,

$$x^2 + y^2 + z^2 \not\equiv 0 \pmod 4.$$

Logo $x = 2x_0$, $y = 2y_0$ e $z = 2z_0$. Portanto

$$4^a(8m + 7) = 4({x_0}^2 + {y_0}^2 + {z_0}^2)$$

ou

$$4^{a-1}(8m + 7) = {x_0}^2 + {y_0}^2 + {z_0}^2.$$

Pode-se continuar com este processo até reduzirmos o expoente de 4 a zero. Desta forma $4^a(8m+7)$ é uma soma de 3 quadrados somente se $8m+7$ for. Se $8m+7 = x^2+y^2+z^2$, então $x^2+y^2+z^2 \equiv 7 \pmod 8$. Como um quadrado perfeito é congruente a 0,1 ou 4 (mod 8) temos que

$$x^2 + y^2 + z^2 \equiv 0,1,2,3,4,5 \text{ ou } 6 \pmod 8.$$

Logo $8m + 7$ não é a soma de 3 quadrados. □

8.

Solução: Basta verificar a seguinte identidade:

$$(x^2+y^2)(v^2+w^2) = (xv+yw)^2 + (xw-yv)^2.$$

□

9.

Solução: A seguinte identidade prova este fato:

$$(a^2+b^2+c^2+d^2)(e^2+f^2+g^2+h^2) =$$

$$= (ae+bf+cg+dh)^2 + (af-be-ch+dg)^2 + (ag+bh-ce-df)^2 + (ah-bg+cf-de)^2.$$

□

10.

Solução: Suponha que $n = 8k+7 = x^2+y^2$.
Se $x = 2r$ e $y = 2s$, então $7 = 4(r^2+s^2) - 8k$ implicando que $4 \mid 7$.
Se $x = 2r+1$ e $y = 2s$, então $8k+7 = 4r^2+4r+1+4s^2$ e, portanto $8k+6 = 4(r^2+s^2+r)$ implicando que $4 \mid 6$.
Se $x = 2r+1$ e $y = 2s+1$, então $8k+7 = 4r^2+4r+1+4s^2+4s+1$ ou $8k+5 = 4r^2+4r+4s^2+4s$, implicando que $4 \mid 5$. Logo, n não pode ser escrito como soma de dois quadrados. □

2.8 Frações Contínuas

Problemas suplementares referentes ao Capítulo 8

1. Encontre os números racionais representados por [2,1,4], [−3,2,12] e [0,1,1,100].
2. Encontre a fração contínua dos números $\frac{17}{3}$, $\frac{3}{17}$ e $\frac{8}{1}$.
3. Encontre o número irracional representado por [2,1,1,1, . . .].
4. Encontre o número representado por [1,2,1,2,1,2, . . .].
5. Encontre a fração contínua simples de $\sqrt{5}$.
6. Encontre a fração contínua simples de $\sqrt{15}$.
7. Na construção de fração contínua, seja $\zeta_0 = \zeta \notin \mathbb{Q}$ e $a_0 = \lfloor \zeta_0 \rfloor$, $\zeta_1 = \frac{1}{\zeta_0 - a_0}$ e indutivamente $a_i = \lfloor \zeta_i \rfloor$ e $\zeta_{i+1} = \frac{1}{\zeta_i - a_i}$. Se $\zeta = [a_0, a_1, \ldots]$ prove que $\zeta = [a_0, a_1, \ldots, a_{m-1}, \zeta_m]$.
8. Prove que
$$\zeta = \frac{\zeta_n h_{n-1} + h_{n-2}}{\zeta_n k_{n-1} + k_{n-2}}.$$
9. Seja $\zeta = [a_0, a_1, a_2, \ldots]$ e $\frac{p_n}{q_n} = [a_0, a_1, \ldots, a_n]$. Prove que
$$\left| \zeta - \frac{p_n}{q_n} \right| > \frac{1}{(a_{n+1}+2){q_n}^2}.$$

10. Quem é o maior, $[1,2,\ldots,2009,2010]$ ou $[1,2,\ldots,2009,2011]$?

11. Prove que,

$$k_n\,|k_{n-1}\zeta - h_{n-1}| + k_{n-1}\,|k_n\zeta - h_n| = 1$$

para todo $n \geq 1$.

12. Se $a \in \mathbb{N}$ e $x \in \mathbb{R}^*$, prove que $2 \cdot [0,2a+1,x] = \left[0,a,1,1,\frac{x-1}{2}\right]$.

2.8.1 Solução dos Problemas Suplementares

1.
Solução: Temos,

$$[2,1,4] = 2 + \frac{1}{1+\frac{1}{4}} = \frac{14}{5}.$$

$$[-3,2,12] = -3 + \frac{1}{2+\frac{1}{12}} = -\frac{63}{25}.$$

$$[0,1,1,100] = 0 + \frac{1}{1+\frac{1}{1+\frac{1}{100}}} = \frac{101}{201}.$$

□

2.
Solução: Temos,

$$\frac{17}{3} = [5,1,2].$$

$$\frac{3}{17} = [0,5,1,2].$$

$$\frac{8}{1} = [8].$$

□

3.
Solução: Temos que $[2,1,1,1,\ldots] = 2 + \frac{1}{[1,1,1,\ldots]}$. Como $[1,1,1,\ldots] = \frac{1+\sqrt{5}}{2}$, então $[2,1,1,1\ldots] = \frac{\sqrt{5}+3}{2}$. □

4.
Solução: Temos que se $x = [1,2,1,2,1,2,\ldots]$, então,

$$x = 1 + \frac{1}{2+\frac{1}{x}} = \frac{3x+1}{2x+1}$$

e logo $x(2x+1) = 3x+1$.

Portanto $2x^2 - 2x - 1 = 0$ e assim, $x = \frac{1+\sqrt{3}}{2}$ (pois $\frac{1-\sqrt{3}}{2} < 0$). □

5.

Solução: Temos que

$$\sqrt{5} = 2 + \left(\sqrt{5} - 2\right) = 2 + \frac{1}{\sqrt{5} + 2}$$

e como

$$\sqrt{5} + 2 = 4 + \left(\sqrt{5} - 2\right) = 4 + \frac{1}{\sqrt{5} + 2}$$

segue que

$$\sqrt{5} = 2 + \cfrac{1}{4 + \cfrac{1}{\sqrt{5}+2}} = [2,4,4,4,\ldots].$$

□

6.

Solução: Temos que,

$$\sqrt{15} - 3 = \frac{3 + \sqrt{15}}{4 + \sqrt{15}} = \cfrac{1}{1 + \cfrac{1}{3+\sqrt{15}}}$$

e como,

$$3 + \sqrt{15} = 6 + \left(\sqrt{15} - 3\right)$$

segue que

$$\sqrt{15} = 3 + \cfrac{1}{1 + \cfrac{1}{6+\cfrac{1}{1+\cfrac{1}{3+\sqrt{15}}}}} = [3,1,6,1,6,1,6,\ldots].$$

□

7.

Solução: Basta-nos ver que

$$\zeta_m = a_m + \frac{1}{\zeta_{m+1}} = a_m + \cfrac{1}{a_{m+1} + \cfrac{1}{\zeta_{m+2}}} = [a_m, a_{m+1}, \ldots]$$

logo $\zeta = [a_0, a_1, \ldots, a_{m-1}, \zeta_m]$ □

8.

Solução: Pelo *Teorema 8.6*, temos

$$[a_0, a_1, \ldots, a_{n-1}, x] = \frac{xh_{n-1} + h_{n-2}}{xk_{n-1} + k_{n-2}}.$$

Fazendo, portanto, $x = \zeta_n$ e usando o exercício anterior, obtemos

$$\zeta = [a_0, a_1, \ldots, a_{n-1}, \zeta_n] = \frac{\zeta_n h_{n-1} + h_{n-2}}{\zeta_n k_{n-1} + k_{n-2}}.$$

□

9.

Solução: Pelo exercício anterior, temos

$$\zeta = \frac{\zeta_n p_{n-1} + p_{n-2}}{\zeta_n q_{n-1} + q_{n-2}}$$

daí,

$$\zeta - \frac{p_n}{q_n} = \frac{\zeta_n(-1)^n + (-1)^{n+1}a_n}{q_n\left(\zeta_n q_{n-1} + q_{n-2}\right)} = \frac{(-1)^n\left(\zeta_n - a_n\right)}{q_n\left(\zeta_n q_{n-1} + q_{n-2}\right)}.$$

Uma vez que $\zeta_n - a_n = \frac{1}{\zeta_{n+1}}$ segue que,

$$\frac{(-1)^n\left(\zeta_n - a_n\right)}{q_n\left(\zeta_n q_{n-1} + q_{n-2}\right)} = (-1)^n \frac{1}{\zeta_{n+1} q_n\left(\zeta_n q_{n-1} + q_{n-2}\right)}.$$

Observe que $\zeta_{n+1} = a_{n+1} + \frac{1}{\zeta_{n+2}} < a_{n+1} + 1$, pois $\zeta_{n+2} > 1$. Assim $a_{n+1} - \zeta_{n+1} > -1$ e, portanto, $a_{n+1} + 2 - \zeta_{n+1} > 1$ e daí $q_n\left(a_{n+1} + 2 - \zeta_{n+1}\right) > q_n > q_{n-1}$. Logo,

$$q_n\left(a_{n+1} + 2\right) > q_n\zeta_{n+1} + q_{n-1} = \zeta_{n+1}\left(q_n + \frac{q_{n-1}}{\zeta_{n+1}}\right) =$$

$$= \zeta_{n+1}\left(a_n q_{n-1} + q_{n-2} + \frac{q_{n-1}}{\zeta_{n+1}}\right) = \zeta_{n+1}\left(\left(a_n + \frac{1}{\zeta_{n+1}}\right) q_{n-1} + q_{n-2}\right) =$$

$$= \zeta_{n+1}\left(\zeta_n q_{n-1} + q_{n-2}\right).$$

Portanto,

$$\left|\zeta - \frac{p_n}{q_n}\right| = \left(\frac{1}{q_n}\right)\left(\frac{1}{\zeta_{n+1}\left(\zeta_n q_{n-1} + q_{n-2}\right)}\right) > \frac{1}{\left(a_{n+1} + 2\right) {q_n}^2}.$$

□

10

Solução: Temos que, se,

$$x = [1,2,\ldots,2009,2010] \quad \text{e} \quad y = [1,2,\ldots,2009,2011]$$

então,

$$x = \frac{2010h_{2008} + h_{2007}}{2010k_{2008} + k_{2007}} \quad y = \frac{2011h_{2008} + h_{2007}}{2011k_{2008} + k_{2007}}.$$

Fazendo manipulações simples, obtemos que $x < y$ se, e somente se, $r_{2008} < r_{2007}$ o que é verdadeiro (lembre que $r_{2n} < r_{2t+1}$, para todo $n,t \in \mathbb{N}$). □

11.

Solução: Vamos supor que n é par (caso n seja ímpar tudo é feito analogamente). Nesse caso

$$0 > \zeta - r_{n-1} = \zeta - \frac{h_{n-1}}{k_{n-1}} \Rightarrow k_{n-1}\zeta - h_{n-1} < 0$$

e,

$$0 < \zeta - r_n = \zeta - \frac{h_n}{k_n} \Rightarrow k_n\zeta - h_n > 0.$$

Daí,

$$k_n\,|k_{n-1}\zeta - h_{n-1}| + k_{n-1}\,|k_n\zeta - h_n| = k_n\,(h_{n-1} - k_{n-1}\zeta) + k_{n-1}\,(k_n\zeta - h_n) =$$
$$= k_n h_{n-1} - k_{n-1}h_n = (-1)^n = 1.$$

□

12.
Solução:

$$\left[0, a,1,1, \frac{x-1}{2}\right] = \frac{1}{a + \frac{1}{1+\frac{1}{1+\frac{1}{\frac{x-1}{2}}}}} = \frac{1}{a + \frac{1}{1+\frac{x-1}{x+1}}} = \frac{1}{a + \frac{x+1}{2x}} =$$
$$= \frac{2}{2a+1+\frac{1}{x}} = 2 \cdot [0,2a+1,x]$$

□

2.9 Partições

Problemas suplementares referentes ao Capítulo 9

1. Denotando por $\pi_m(n)$ o número de partições de n onde nenhuma parte supera m, provar que,

$$\pi_m(n) = \pi_m(n-m) + \pi_{m-1}(n)$$

onde $\pi_m(0) = 1$ e $\pi_m(n) = 0$ se $n < 0$.

2. Provar que o número de partições de n em partes congruentes a 1,2 ou 4 mod (7) é igual ao número de partições de n em partes congruentes a 1,9 ou 11 mod (14).

3. O que representa o coeficiente de $x^n z^m$ no seguinte produto?

$$(1+x^a z)(1+x^b z)(1+x^c z)(1+x^d z)(1+x^e z)\ldots$$

4. Seja S um conjunto qualquer tal que $2j \in S$ sempre que $j \in S$. Defina S' como sendo o conjunto dos $j \in S$ para os quais $\frac{j}{2} \in S$. Provar que o número de partições de um inteiro n em partes pertencentes a S' é igual ao número de partições de n em partes distintas pertencentes a S

5. Mostrar que $p(n)$ é ímpar se, e somente se, o número de partições de n em ímpares distintos é ímpar.

6. Mostrar que o número de partições de n em duas partes $\lambda_2 + \lambda_1$, com $\lambda_2 \geq 2\lambda_1 \geq 0$, é igual ao número de partições de n em partes no conjunto $\{1,3\}$.

7. Mostrar que o número de partições de n em duas partes $\lambda_2 + \lambda_1$ onde $\frac{3}{2}\lambda_1 \geq \lambda_2 \geq \lambda_1 \geq 0$ é igual ao número de partições de n em partes no conjunto $\{2,5\}$.

8. Mostrar que $p_1(n) = p_p(n)$ onde $p_1(n)$ é o total de vezes que o número 1 aparece em todas as partições de n e $p_p(n)$ a soma do número de partes distintas em todas as partições de n (*Stanley*). Isto está ilustrado na tabela abaixo para o caso $n = 6$.

Partições	Número de partes distintas em cada partição
6	1
5+1	2
4+2	2
4 +1+1	2
3+3	1
3+2+1	3
3+1+1+1	2
2+2+2	1
2+2+1+1	2
2+1+1+1+1	2
1+1+1+1+1+1	1
total	19

9. Mostrar que o número $Q_3(n)$ de partições de n em partes distintas com nenhuma sendo múltipla de 3 é igual ao número $p(S_3, n)$ de partições de n em partes congruentes a $\pm 1 \pmod 6$.

10. Mostrar que
$$\lim_{n\to\infty} \frac{p(n+1)}{p(n)} = 1.$$

11. Mostrar que o número de partições de n nas quais nenhuma parte aparece mais do que 3 vezes é igual ao número de partições de n onde cada par aparece no máximo uma vez.

12. Mostrar que o número de partições de n nas quais cada parte aparece exatamente $2, 3$ ou 5 vezes é igual ao número de partições em partes divisíveis por 2 ou 3.

13. Mostrar que o número de partições de n onde cada par aparece no máximo uma vez é igual ao número de partições nas quais nenhuma parte é divisível por 4.

14. Provar que o número de partiçoes de n onde a maior parte é r, é igual ao número de partições de $n - r$ onde cada parte é menor do que ou igual a r $(n \geq r)$.

2.9.1 Solução dos Problemas Suplementares

1.

Solução: Nós separamos as partições de n contadas por $\pi_m(n)$ em duas classes, aquelas nas quais m aparece como parte e as que não possuem partes iguais a m. Se das primeiras removermos uma parte igual a m teremos partições contadas por $\pi_m(n-m)$. Aquelas onde m não é parte, claramente são contadas por $\pi_{m-1}(n)$.

□

2.

Solução:

$$\prod_{n=0}^{\infty} \left(1+q^{7n+1}\right)\left(1+q^{7n+2}\right)\left(1+q^{7n+4}\right) =$$

$$= \prod_{n=0}^{\infty} \frac{\left(1-q^{14n+2}\right)\left(1-q^{14n+4}\right)\left(1-q^{14n+8}\right)}{\left(1-q^{7n+1}\right)\left(1-q^{7n+2}\right)\left(1-q^{7n+4}\right)} =$$

$$= \prod_{n=0}^{\infty} \frac{(1-q^{14n+2})(1-q^{14n+4})(1-q^{14n+8})}{(1-q^{14n+1})(1-q^{14n+8})(1-q^{14n+2})(1-q^{14n+9})(1-q^{14n+4})(1-q^{14n+11})} =$$

$$= \prod_{n=0}^{\infty} \frac{1}{(1-q^{14n+1})(1-q^{14n+9})(1-q^{14n+11})}.$$

□

3.

Solução: O coeficiente de $x^n z^m$ representa o número de diferentes maneiras de se escrever n como soma de distintos termos da sequência,

$$a,b,c,d,e,\ldots$$

□

4.

Solução: Vamos utilizar um exemplo para ilustrarmos o porquê desta afirmação ser verdadeira. Consideremos como S o seguinte conjunto,

$$1,2,4,8,16,32\ldots$$
$$3,6,12,24,48,\ldots$$
$$17,34,68,136,\ldots$$

Neste caso nosso S' será

$$S' = \{1,3,17\}.$$

Vamos listar todas as partições de 12 com partes distintas pertencentes a S e as partições de 12 com partes em S'.

$$12 \to 3+3+3+3$$
$$8+4 \to 1+1+1+1+1+1+1+1+1+1+1+1$$
$$8+3+1 \to 3+1+1+1+1+1+1+1+1+1$$
$$6+3+2+1 \to 3+3+3+1+1+1$$
$$6+4+2 \to 3+3+1+1+1+1+1+1.$$

S pela definição é formado pela união de conjuntos cujos elementos são da forma $2^i a$ onde a é um inteiro e $i = 0,1,2,\ldots$. Como o exemplo acima deixa claro basta substituir cada elemento $2^i a$ por a e temos a correspondente partição com partes em S'. □

5.

Solução: Partições que não são autoconjugadas aparecem aos pares e, portanto, não afetam a paridade de $p(n)$. Logo, $p(n)$ é ímpar se, e somente se, o número de partições autoconjugadas é ímpar. Isto segue uma vez que o número de partições autoconjugadas é igual aos das partições em ímpares distintos. □

6.

Solução: É fácil ver que com as restrições dadas uma tal partição pode ser transformada em uma contendo λ_1 3's e $\lambda_2 - 2\lambda_1$ 1's. Esta construção pode claramente ser desfeita. □

7.

Solução: De uma partição de n como $\lambda_2 + \lambda_1$ onde $\frac{3}{2}\lambda_1 \geq \lambda_2 \geq \lambda_1$ podemos construir uma partição de n em $(\lambda_2 - \lambda_1)$ 5's e $(3\lambda_1 - 2\lambda_2)$ 2's. Reciprocamente uma partição em e_5 5's e e_2 2's é transformada, de volta, em uma partição $\lambda_2 + \lambda_1$, onde $\lambda_2 = 3e_5 + e_2$ e $\lambda_1 = 2e_5 + e_2$ a qual claramente verifica as desigualdades. □

8.

Solução: Se adicionarmos 1 a qualquer partição de $n - 1$, nós obtemos uma partição de n com pelo menos um 1. Logo o número de partições de n tendo pelo menos um 1 é $p(n-1)$. O número de partições de n tendo dois ou mais 1's é $p(n-2)$ e assim por diante. Logo, o número total de 1's em todas as partições é,

$$p(n-1) + \cdots + p(1) + 1.$$

Como k aparece em exatamente $p(n-k)$ partições de n o total de partes distintas é, também, igual a

$$p(n-1) + \cdots + p(1) + 1$$

o que conclui a demonstração. □

9.

Solução:

$$\sum_{n=0}^{\infty} Q_3(n)q^n = \prod_{j=1}^{\infty} \left(1 + q^{3j-2}\right)\left(1 + q^{3j-1}\right) =$$

$$= \prod_{j=1}^{\infty} \frac{\left(1 + q^{3j-1}\right)\left(1 + q^{3j-2}\right)\left(1 - q^{3j-1}\right)\left(1 - q^{3j-2}\right)}{\left(1 - q^{3j-1}\right)\left(1 - q^{3j-2}\right)} =$$

$$= \prod_{j=1}^{\infty} \frac{\left(1 - q^{6j-2}\right)\left(1 - q^{6j-4}\right)}{\left(1 - q^{3j-1}\right)\left(1 - q^{3j-2}\right)} =$$

$$= \prod_{j=1}^{\infty} \left(1 - q^{6j-2}\right)\left(1 - q^{6j-4}\right) \prod_{j=1}^{\infty} \frac{1}{\left(1 - q^{3j-1}\right)\left(1 - q^{3j-2}\right)} =$$

$$= \prod_{j=1}^{\infty} \left(1 - q^{6j-2}\right)\left(1 - q^{6j-4}\right) \prod_{j=1}^{\infty} \frac{1}{\left(1 - q^{6j-4}\right)\left(1 - q^{6j-1}\right)\left(1 - q^{6j-5}\right)\left(1 - q^{6j-2}\right)} =$$

$$= \prod_{j=1}^{\infty} \frac{1}{\left(1 - q^{6j-1}\right)\left(1 - q^{6j-5}\right)} = \sum_{n=0}^{\infty} p(S_3, n)q^n.$$

□

10.

Solução: Se a cada partição de n contada por $p(n)$ nós adicionarmos uma unidade à maior parte (ou a uma das maiores, caso existam várias partes iguais maiores do que as outras) obteremos distintas partições de $n+1$ contadas por $p(n+1)$. Claramente a partição de $n+1$ constituída somente por 1's não será obtida por este procedimento. Logo $p(n+1) \geq p(n) + 1$. Como a $\sum_{n=0}^{\infty} p(n)x^n$ converge para $0 \leq x < 1$ temos que,

$$\lim_{n \to \infty} \left| \frac{p(n+1)x^{n+1}}{p(n)x^n} \right| = \lim_{n \to \infty} \frac{p(n+1)}{p(n)} \mid x \mid \leq 1.$$

Logo

$$\lim_{n\to\infty} \frac{p(n+1)}{p(n)} \leq \frac{1}{\mid x \mid}, \quad \mid x \mid < 1.$$

Isto implica que,

$$\lim_{n\to\infty} \frac{p(n+1)}{p(n)} \leq 1.$$

Mas como $p(n+1) > p(n)$ temos

$$\lim_{n\to\infty} \frac{p(n+1)}{p(n)} \geq 1$$

e, portanto,

$$\lim_{n\to\infty} \frac{p(n+1)}{p(n)} = 1.$$

□

11.

Solução: Por função geradora temos

$$\prod_{n=1}^{\infty} \frac{1+q^{2n}}{1-q^{2n-1}} = \prod_{n=1}^{\infty} \frac{\left(1+q^{2n}\right)\left(1-q^{2n}\right)}{\left(1-q^{2n-1}\right)\left(1-q^{2n}\right)} =$$

$$= \prod_{n=1}^{\infty} \frac{1-q^{4n}}{1-q^{n}} = \prod_{n=1}^{\infty} \left(1+q^{n}+q^{2n}+q^{3n}\right)$$

o que conclui a prova. □

12.

Solução:

$$\prod_{k=1}^{\infty} \left(1+q^{2k}+q^{3k}+\ldots\right) = \prod_{k=1}^{\infty} \frac{1-q^{k}+q^{2k}}{1-q^{k}} = \prod_{k=1}^{\infty} \frac{1+q^{3k}}{1-q^{2k}} =$$

$$= \prod_{k=1}^{\infty} \frac{\left(1-q^{6k}\right)}{\left(1-q^{2k}\right)\left(1-q^{3k}\right)} = \prod_{k=1}^{\infty} \frac{1-q^{6k}}{\left(1-q^{2k}\right)\left(1-q^{6k}\right)\left(1-q^{6k-3}\right)} =$$

$$= \prod_{k=1}^{\infty} \frac{1}{\left(1-q^{2k}\right)\left(1-q^{3(2k-1)}\right)}.$$

□

13.

Solução: Basta observarmos na solução do Problema 10 que,

$$\prod_{n=1}^{\infty} \frac{1+q^{2n}}{1-q^{2n-1}} = \prod_{n=1}^{\infty} \frac{\left(1-q^{4n}\right)}{\left(1-q^{n}\right)} =$$

$$= \prod_{n=1}^{\infty} \frac{1}{\left(1-q^{4n-1}\right)\left(1-q^{4n-2)}\right)\left(1-q^{4n-3)}\right)}.$$

□

14.

Solução: Dada uma partição $\lambda = \lambda_1 + \lambda_2 + \cdots + \lambda_s$ de n com $\lambda_1 \geq r$ e $\lambda_1 \geq \lambda_2 \geq \cdots \geq \lambda_s$, ao removermos a maior parte λ_1, ficaremos com uma partição $\lambda_2 + \cdots + \lambda_s$ de $n - r$ tal que cada parte é menor do que ou igual a r. Claramente este procedimento é invertível, bastando acrescentar uma parte r a qualquer partição de $n - r$ com partes menores do que ou iguais a r. Assim temos estabelecida uma prova bijetiva. $\square$

Capítulo 3

Problemas propostos

3.1 Divisibilidade

Problemas propostos referentes ao Capítulo 1

1. Mostre que
$$\frac{1}{1\cdot 2}+\frac{1}{2\cdot 3}+\cdots+\frac{1}{(n-1)n}=\frac{n-1}{n},$$
para todo $n \geq 2$.

2. Prove que 128 divide $49^n + 81^n - 2$ para todo $n \geq 1$.

3. Mostre que
$$\left(1-\frac{1}{4}\right)\left(1-\frac{1}{9}\right)\cdots\left(1-\frac{1}{n^2}\right)=\frac{n+1}{2n},$$
para todo $n \geq 2$.

4. Prove que $2^{3^n} + 1$ é divisível por 3^{n+1}, para todo $n \geq 1$.

5. Prove que $\frac{m}{3} + \frac{m^2}{2} + \frac{m^3}{6}$ é inteiro para todo $m \in \mathbb{N}$.

6. Mostrar que se m, n e r são inteiros positivos tais que,
$$\delta := \frac{1}{m}+\frac{1}{n}+\frac{1}{r} < 1$$
então, $\delta \leq \frac{41}{42}$.

7. Prove que o número $\underbrace{11\cdots 1}_{2n}$ é composto para todo $n \geq 2$.

8. Prove que o número $\underbrace{11\cdots 1}_{n}$ nunca é quadrado perfeito para $n \geq 2$.

9. Mostre que $n^3 + (n+1)^3 + (n+2)^3$ é divisível por 9.

10. Encontre todos os $n \in \mathbb{N}$ tais que $n^5 + n + 1$ é primo.

11. Um aluno escreveu num papel os vinte primeiros números que só contém digitos 7 em sua espansão decimal, começando pelo 7, e depois somou-os. Qual o resto da divisão dessa soma por 1000?

12. Prove que não importa a escolha de quatro dígitos para se colocar nos quadrados vazios abaixo

$$9999\square\square\square\square$$

esse número nunca é um quadrado perfeito.

13. Encontre todos os pares (n,p) com p primo e n natural, tais que $p^n - n^p = 1$.

14. Prove que se a,b,c,d são números naturais divisíveis por $ab - cd$, então $ab - cd = 1$ ou -1.

15. Determine os números primos $\overline{ab}$ tais que $\overline{ab}$ divide $a^3 + b^3$.

16. Um inteiro positivo n tem uma expansão de *Cantor* se ele pode ser escrito como

$$n = a_m m! + a_{m-1}(m-1)! + \cdots + a_2 2! + a_1 1!,$$

onde os a_j's são inteiros tais que $0 \leq a_j \leq j$.

a) Encontrar a expansão de *Cantor* de 23 e 57.

b) Mostrar que todo inteiro positivo tem uma expansão de *Cantor* e tal representação é única.

17. Qual é o menor inteiro positivo n tal que $n!$ é múltiplo de 2012^{2012}?

18. Um número escrito com cem algarismos iguais a 0, cem iguais a 1 e cem iguais a 2 pode ser um quadrado perfeito?

19. Encontre os números de cinco dígitos, n, satisfazendo:

(a) n é divisível por 5,

(b) o primeiro e último dígitos de n são iguais, e

(c) a soma dos dígitos de n ié divisível por 5.

20. Encontre todos os primos p e q tais que p divide $30q - 1$ e q divide $30p - 1$.

21. Encontre todos os possíveis dígitos x,y,z tais que o número $\overline{13xy45z}$ é divisível por 792.

22. Encontrar todos os números primos p tais que $p + 2$ e $p^e + 2p - 1$ são primos.

23. Três números primos $p,q,r \geq 3$ forma uma progressão aritmética: $p = p, q = p + d$ e $r = p + 2d$. Prove que d é divisível por 6.

24. Encontre todos os $n \in \mathbb{N}$ tais que $3^{n-1} + 5^{n-1}$ divide $3^n + 5^n$.

25. Se $\overline{abc} - \overline{def}$ é divisível por 7, prove que $\overline{abcdef}$ também o é.

26. Sejam $a,b \in \mathbb{N}$ tais que $\frac{a+1}{b} + \frac{b+1}{a}$ é inteiro. Mostre que $\text{mdc}(a,b) \leq \sqrt{a+b}$.

27. Provar que para todo inteiro $n \geq 1$ temos:

$$n! \leq \left(\frac{n+1}{2}\right)^n.$$

28. Calcule o $\text{mdc}(\underbrace{11\cdots1}_{100}, \underbrace{11\cdots1}_{60})$.

29. Encontre todos os $n > 1$ tais que todo divisor primo de $n^6 - 1$ é divisor de $(n^3 - 1)(n^2 - 1)$.

30. Sejam $x,y,z \in \mathbb{N}$ tais que $\frac{1}{x} - \frac{1}{y} = \frac{1}{z}$. Se $h = \text{mdc}(x,y,z)$, prove que $hxyz$ e $h(y-x)$ são ambos quadrados perfeitos.

31. Sendo t_n o n-ésimo número triangular, determinar

$$\sum_{n=1}^{\infty} \frac{1}{t_n} = 1 + \frac{1}{3} + \frac{1}{6} + \frac{1}{10} + \cdots .$$

32. Encontre todos os inteiros n tais que $n - 50$ e $n + 50$ são ambos quadrados perfeitos.

33. O número de 5 dígitos $\overline{xy26z}$, em que cada uma das letras representa um dígito, é divisível por $8, 9$ e 11. Qual o valor de x?

34. Calcular:

$$\frac{3^2 + 4^2 + 5^2 + 6^2 + 7^2 + 8^2 + 9^2}{1^2 + 2^2 + 3^2 + 4^2 + 5^2 + 6^2 + 7^2}.$$

35. Mostrar que 504 divide $n(n+1)(n+2)$ quando $n + 1$ é um cubo.

36. Mostrar que para todo inteiro positivo n,

$$\frac{n^5}{5} + \frac{n^3}{3} + \frac{7n}{15}$$

é um inteiro.

37. Dê exemplo de um valor de n, tal que $2^8 + 2^{11} + 2^n$ seja um quadrado perfeito.

38. Dada a matriz

$$A = \begin{pmatrix} 1 & 1 \\ 1 & 0 \end{pmatrix},$$

provar que

$$A^n = \begin{pmatrix} F_{n+1} & F_n \\ F_n & F_{n-1} \end{pmatrix}, \quad n \geq 1$$

onde F_n é o n-ésimo número de *Fibonacci* com $F_0 = 0$.

39. Prove que, para todo $n \geq 0$, o número $2^n + 3^n + 5^n + 6^n$ não é quadrado perfeito.

40. Sejam $n,p \in \mathbb{Z}$, com $n > 1$ e p primo. Se $n \mid p - 1$ e $p \mid n^3 - 1$, mostre que $4p - 3$ é quadrado perfeito.

41. Um inteiro positivo par n é chamado *Square Dance* se os números de 1 até n podem ser emparelhados da tal forma que a soma de cada par é um quadrado.

    a) Mostrar que 48 é um *Square Dance*.

    b) Determinar todos os tais números.

3.2 Congruência

Problemas propostos referentes ao Capítulo 2

1. Prove que existem infinitos primos p tais que $p+2$ é composto.

2. Para quais $n \in \mathbb{N}$, o número n^n tem 3 como último dígito em sua expansão decimal?

3. Prove que $13 \mid 4^{2^{2n+1}} - 3$, para todo $n \in \mathbb{N}$.

4. Mostre que se p é primo, $p \equiv 1 \pmod 4$, então $\left[\left(\frac{p-1}{2}\right)!\right]^2 \equiv -1 \pmod p$.

5. Qual o resto da divisão de 5!25! por 31?

6. Encontre todos os $a,b,c \in \mathbb{N}$ tais que $2^a + 2^b + 1$ é múltiplo de $2^c - 1$.

7. Reduza 6^{2016} módulo 7.

8. Para quantos $k \in [0,2014]$ tem-se que $\binom{2014}{k} \equiv 0 \pmod 4$?

9. Resolva o sistema
$$\begin{cases} 3x \equiv 9 \pmod{12} \\ 4x \equiv 5 \pmod{35} \\ 6x \equiv 2 \pmod{11} \end{cases}$$

10. Encontre o inverso de 111 módulo 200 e de 24 módulo 55.

11. Se $\overline{abc}$ é primo, prove que $b^2 - 4ac$ não é quadrado perfeito.

12. Seja $S(n)$ a soma dos dígitos de n. Calcule $S(S(S(4444^{4444})))$.

13. Prove que $S(m+n) \leq S(m) + S(n)$.

14. Mostre que $S(mn) \leq \min\{mS(n), nS(m)\}$.

15. Encontre o menor múltiplo de 17, m tal que $S(m) = 17$.

16. Se p e p^2+2 são primos, mostre que $p^3 + 2026$ também é primo.

17. Suponha que a e n são relativamente primos e $k > 0$. Prove que
$$a^{\phi(n^k)} \equiv 1 \pmod n.$$

18. Seja $p > 7$ um número primo congruente a $1 \pmod 6$ e seja $m = 2^p - 1$. Prove que $127m$ divide $2^{m-1} - 1$.

19. Prove que se $p > 2$ é primo, então p^2 divide
$$1^{p-1} + 2^{p-1} + \cdots + (p-1)^{p-1} - p - (p-1)!.$$

20. Prove que se p e $p+2$ são primos, então $4((p-1)!+1) + p \equiv 0 \pmod{p(p+2)}$.

21. Prove que se $p > 2$ é primo, então

$$1^2 \cdot 3^2 \cdots (p-2)^2 \equiv (-1)^{\frac{p+1}{2}} \pmod{p}.$$

22. Prove que se $p > 2$ é primo, então

$$2^2 \cdot 4^2 \cdots (p-1)^2 \equiv (-1)^{\frac{p+1}{2}} \pmod{p}.$$

23. Resolva a congruência $x^{x+1} \equiv 1 \pmod{27}$.

3.3 Teoria combinatória dos números

Problemas propostos referentes ao Capítulo 3

1. Mostrar que todo inteiro positivo n possui um múltiplo que se escreve na base 10, somente com os dígitos 0 e 1.

2. Mostrar que, dados $\alpha \in \mathbb{R}$ e $n > 1$, um inteiro, existe um racional $\frac{p}{q}$, onde $1 \leq q \leq n$, tal que

$$\left|\alpha - \frac{p}{q}\right| \leq \frac{1}{nq}.$$

3. Seja S um conjunto contendo k inteiros tais que nenhum deles é múltiplo de m. Para $k > \frac{m}{2}$, mostrar que existem dois inteiros em S cuja soma ou diferença é divisível por m.

4. Suponhamos 9 pontos no espaço, não havendo 3 numa mesma linha. Cada dois pontos ligados por um segmento de reta e cada um desses 36 segmentos pintados de uma cor dentre duas, azul e vermelho. Mostrar que existe um triângulo vermelho ou um quadrilátero azul.

5. Suponhamos 18 pontos no espaço, não havendo 3 numa mesma linha. Cada dois pontos ligados por um segmento de reta e cada um desses 153 segmentos pintados de uma cor dentre duas, azul e vermelho. Provar que existe um quadrilátero monocromático.

6. Suponhamos 17 pontos no espaço, não havendo 3 numa mesma linha. Cada dois pontos ligados por um segmento de reta e cada um desses 136 segmentos pintados de uma cor dentre as cores azul, vermelho e verde. Provar que existe um triângulo monocromático.

7. Suponha que 70 estudantes estejam matriculados em 11 disciplinas diferentes. Cada uma tem no máximo 15 estudantes. Mostrar que existem pelo menos 3 com pelo menos 5 estudantes cada.

8. Provar, usando o *Princípio da casa dos pombos*, que existem infinitos primos.

9. Considere um total de 2009 clubes tendo cada um 45 membros sendo que quaisquer 2 possuem exatamente uma pessoa em comum. Mostrar que existe uma pessoa que pertence a todos os clubes.

10. Mostrar que se mais da metade dos subconjuntos de um conjunto de n elementos são escolhidos, então dois deles possuem a propriedade de que um é subconjunto do outro.

3.4 Funções Aritméticas

Problemas propostos referentes ao Capítulo 4

1. O produto de convolução de duas funções aritméticas f e g é definido por

$$(f * g)(n) = \sum_{d|n} f(d)g\left(\frac{n}{d}\right).$$

Prove que o produto de convolução é comutativo e associativo, isto é,

$$f * g = g * f \quad \text{e} \quad (f * g) * h = f * (g * h).$$

2. Prove que se f e g são multiplicativas, então $f * g$ também é multiplicativa.

3. Prove que se $\sigma(n)$ é primo, então $\tau(n)$ também é primo. Vale a recíproca?

4. Prove que um número perfeito ímpar deve ter pelos menos três fatores primos distintos.

5. Prove que $\sigma(n) < n\sqrt{2\tau(n)}$.

6. Prove que $\sigma(n) < n \log n$, para $n \geq 7$.

7. Mostre que existem infinitos $n \in \mathbb{N}$ tais que $\mu(n) + \mu(n+1) = 0$.

8. Mostre que existem infinitos $n \in \mathbb{N}$ tais que $\mu(n) + \mu(n+1) = -1$.

9. Prove que

$$\sum_{d|n} \tau(d)^3 = \left(\sum_{d|n} \tau(d)\right)^2.$$

10. Mostre que existem infinitos $n \in \mathbb{N}$ tais que $\phi(n)$ é um cubo perfeito.

11. Seja $F(n) = \prod_{d|n} f(d)$ para $n \geq 1$. Mostre que

$$f(n) = \prod_{d|n} \left(F\left(\frac{n}{d}\right)\right)^{\mu(d)}$$

12. Prove que para todo $n > 0$ e $k > 1$, vale que $\phi(n^k) = n^{k-1}\phi(n)$.

13. Prove que

$$\sum_{n=1}^{\infty} \frac{\phi(n)2^n}{9^n - 2^n} = \frac{18}{49}.$$

3.5 Resíduos Quadráticos

Problemas propostos referentes ao Capítulo 5

1. Mostrar que 5 não é resíduo quadrático para todo primo da forma $6^n + 1$.

2. Dizer se a congruência
$$x^2 \equiv 52 \pmod{159}$$
possui solução.

3. Dizer se existem um inteiro n e um primo p da forma $p = 100k + 3$ tal que $p \mid n^2 + 1$.

4. É verdade que existem infinitos inteiros positivos n tais que $23 \mid n^2 + 14n + 47$?

5. Seja A o conjunto dos inteiros a, $1 \leq a \leq 43$ para os quais existe um primo $p \equiv a \pmod{44}$ tal que a correspondente congruência
$$x^2 \equiv 11 \pmod{p}$$
tem solução. Determinar A.

6. Dizer se a congruência,
$$x^2 \equiv 6 \pmod{p}$$
possui solução sendo p um primo tal que $p \equiv 1 \pmod{24}$.

7. Prove que 19 não divide $4n^2 + 4$ para nenhum inteiro n.

8. Seja $f : \mathbb{Z} \to \mathbb{Z}$ uma função polinomial e sejam a e b inteiros. Defina $\left(\frac{m}{p}\right) = 0$ se $p \mid m$. Se $(a, p) = 1$, mostrar que
$$\sum_{k=0}^{p-1} \frac{f(ak+b)}{p} = \sum_{k=0}^{p-1} \frac{f(k)}{p}.$$
Usar isto para provar que se $(a, p) = 1$, então,
$$\sum_{k=0}^{p-1} \frac{ak+b}{p} = 0.$$

9. Seja a um inteiro maior do que 1 e n um inteiro positivo. Mostrar que $n \mid \phi(a^n - 1)$

10. Se p é um primo ímpar e $(a, p) = (b, p) = 1$, mostre que pelo menos um dentre a, b e ab é um resíduo quadrático módulo p.

3.6 Raízes Primitivas

Problemas propostos referentes ao Capítulo 6

1. Resolva a equação $x^5 \equiv 7 \pmod{13}$.

2. Suponha que p e $q = 2p + 1$ são primos ímpares. Prove que $2(-1)^{\frac{p-1}{2}}$ é raiz primitiva módulo q.

3. Encontre um primo p tal que a menor raiz primitiva de p é 37.

4. Mostre que 3 é raiz primitiva de 17^2.

5. Mostre que se $m > 2$, então $\text{ord}_m(m-1) = 2$.

6. Prove que $ord_m(ab) \leq mmc(ord_m a, ord_m b)$.

7. Calcule $ord_7 5$, $ord_{46} 3$ e $ord_{17} 26$.

8. Se a é raiz primitiva módulo um primo $p \equiv 3 \pmod 4$, mostre que $ord_p(-a) = \frac{p-1}{2}$.

9. Se a é raiz primitiva módulo um primo ímpar p. Prove que $ord_{p^2}(a+p) \neq p-1$.

10. Se a é raiz primitiva módulo p^n, onde p é primo ímpar e $n \geq 2$. Prove que a é raiz primitiva módulo p.

3.7 Representação de inteiros como soma de quadrados

Problemas propostos referentes ao Capítulo 7

1. Verificar se os números 315 e 3185 podem ser representados como soma de dois quadrados. Caso possam, encontrar tais representações.

2. Se um primo ímpar pode ser escrito como soma de dois quadrados, mostre que $p \equiv 1 \pmod 4$.

3. Encontrar 3 inteiros $x > y > z > 0$ tais que $x-y$, $y-z$ e $x-z$ sejam todos quadrados.

4. Encontrar um inteiro t tal que $t^2 - 5$ e $t^2 + 5$ sejam ambos quadrados.

5. Mostrar que $x = y = z = 0$ é a única solução em inteiros para
$$x^2 + y^2 + z^2 = x^2 y^2.$$

6. Encontrar uma solução em inteiros positivos para
$$x^2 + y = y^2 + x - 18.$$

7. Mostrar que todo inteiro positivo n pode ser escrito como
$$n = x^2 + y^2 - z^2.$$

8. Encontrar uma solução em inteiros positivos para
$$3 \cdot 2^x + 1 = y^2.$$

9. Se n é um inteiro positivo provar que,
$$(2n^2+n)^2 + (2n^2+n+1)^2 + \cdots + (2n^2+2n)^2 =$$
$$= (2n^2+2n+1)^2 + (2n^2+2n+2)^2 + \cdots + (2n^2+3n)^2$$
e, então, encontrar uma solução em inteiros positivos para,
$${x_1}^2 + {x_2}^2 + {x_3}^2 + {x_4}^2 = {x_5}^2 + {x_6}^2 + {x_7}^2.$$

10. Mostre que se 3 não divide n então $6n$ não pode ser escrito como soma de quadrados.

3.8 Frações Contínuas

Problemas propostos referentes ao Capítulo 8

1. Evolua $[2,\overline{1,2,1}]$.

2. Encontre a fração contínua de $\frac{22}{13}$, $\frac{35}{24}$ e $\frac{13}{2015}$.

3. Prove que as frações parciais da fração contínua de um número são frações irredutíveis.

4. Determine a fração contínua de $\frac{1+\sqrt{13}}{2}$.

5. Encontre os 5 primeiros termos na fração contínua de $\sqrt[3]{2}$.

6. Seja $a_0 \in \mathbb{Z}$ e $a_1,\ldots,a_n,b \in \mathbb{N}$. Prove que

$$[a_0,a_1,\ldots,a_n+b] < [a_0,a_1,\ldots,a_n]$$

   se, e somente se, n é ímpar.

7. Encontre a fração contínua de $\frac{m+\sqrt{m^2+4}}{2}$ para $m \geq 1$.

8. Mostre que $\sqrt{n^2-1} = [n-1,\overline{1,2n-2}]$.

9. Mostre que $\sqrt{n^2+1} = [n,\overline{2n}]$.

10. Mostre que $\sqrt{n^2+2} = [n,\overline{n,2n}]$.

3.9 Partições

Problemas propostos referentes ao Capítulo 9

1. Dar uma prova combinatória para as seguintes identidades.

   a) $\prod_{i=1}^{\infty} \frac{1}{1-xq^i} = \sum_{k=0}^{\infty} \frac{q^k x^k}{(1-q)(1-q^2)\ldots(1-q^k)}$;

   b) $\prod_{i=1}^{\infty} (1+xq^i) = \sum_{k=0}^{\infty} \frac{q^{\frac{k(k+1)}{2}} x^k}{(1-q)(1-q^2)\ldots(1-q^k)}$.

2. Sejam $p_k(n)$ o número de partições de n em exatamente k partes e $q_k(n)$ o número de partições de n, formadas por exatamente k partes distintas (por exemplo $q_3(8) = 2$; $1+2+5$ e $1+3+4$). Mostrar que $q_k(n+\binom{k}{2}) = p_k(n)$.

3. Mostrar que a função geradora para partições autoconjugadas com cada parte menor do que ou igual a N é

$$\sum q^{j^2} \begin{bmatrix} N \\ j \end{bmatrix}_{q^2}$$

   sendo $\begin{bmatrix} N \\ j \end{bmatrix}_{q^2}$ o polinômio gaussiano $\begin{bmatrix} N \\ j \end{bmatrix}$ com q substituído por q^2.

4. Dar uma prova bijetiva para a identidade:
   O número de partições de n em partes ímpares e distintas cada qual menor do que ou igual a $2N-1$, é igual ao número de partições autoconjugadas de n cujas partes são menores do que ou igual a N.

5. Mostrar que o número de partições de n é igual ao número de matrizes de duas linhas da forma

$$\begin{pmatrix} c_1 & c_2 & \dots & c_s \\ d_1 & d_2 & \dots & d_s \end{pmatrix},$$

onde $c_s = 0$, $c_t = c_{t+1} + d_{t+1}$ e $\sum_{i=1}^{s} c_i + d_i = n$.

6. Mostrar que o número de partições de n cujas partes diferem por pelo menos 2 é igual ao número de matrizes da forma

$$\begin{pmatrix} c_1 & c_2 & \dots & c_s \\ d_1 & d_2 & \dots & d_s \end{pmatrix},$$

onde $c_s = 1$, $c_t = 2 + c_{t+1} + d_{t+1}$ e $\sum_{i=1}^{s} c_i + d_i = n$.

7. Mostrar que a função geradora para partições nas quais cada parte aparece pelo menos duas vezes é dada por,

$$\prod_{n=1}^{\infty} \frac{1+q^{3n}}{1-q^{2n}}.$$

8. Em 1944 *F. J. Dyson* definiu o rank de uma partição como sendo a maior parte menos o número de partes. Mostrar que os ranks de uma partição e de sua conjugada diferem somente no sinal.

9. Fazendo uso do Produto Triplo de Jacobi dar uma demonstração para o *Teorema dos números pentagonais de Euler.*

10. Mostrar que o número de partições de n em que cada parte aparece 2, 3 ou 5 vezes é igual ao número de partições de n em que cada parte é congruente a 2, 3, 6, 9 ou 10 módulo 12.

Anotações

Impressão e acabamento
Gráfica da Editora Ciência Moderna Ltda.
Tel: (21) 2201 - 6662